BIM
技术应用实务

第2版

主　编　欧阳彬生　应仁仁
副主编　蔡　民　王　伟　王　强　罗　军
参　编　陈　琳　唐文俊　谢雪红　梁艳晨
主　审　谭光伟

机械工业出版社

本书以 Revit 软件为操作平台，全面介绍使用该软件进行建模设计的方法和技巧。全书共五个模块，分别为 BIM 概述、结构专业建模、建筑专业建模、深化设计、体量与族，各模块既可独立成册，又相互关联，覆盖了使用 Revit 进行建筑、结构建模设计的全过程。各模块部分任务配套了过关练习，以强化建模技能。

本书既可作为高等院校建筑类专业的相关课程教材，也可作为 BIM 软件培训班的教材，还可作为相关专业技术人员和自学者的参考和学习用书。

为方便教学，本书还配有电子课件及相关资源，凡使用本书作为教材的教师均可登录机械工业出版社教育服务网 www.cmpedu.com 注册下载。机工社职教建筑群（教师交流 QQ 群）：221010660。咨询电话：010-88379934。

图书在版编目（CIP）数据

BIM技术应用实务 / 欧阳彬生，应仁仁主编. —2版. —北京：机械工业出版社，2025.4（2025.7重印）

ISBN 978-7-111-77942-1

Ⅰ. TU201.4

中国国家版本馆CIP数据核字第2025NG6435号

机械工业出版社（北京市百万庄大街22号　邮政编码100037）

策划编辑：沈百琦　　　　　责任编辑：沈百琦　陈将浪
责任校对：曹若菲　薄萌钰　封面设计：马精明
责任印制：刘　媛

北京富资园科技发展有限公司印刷

2025年7月第2版第2次印刷

184mm×260mm・17.5印张・432千字

标准书号：ISBN 978-7-111-77942-1

定价：55.00元

电话服务	网络服务
客服电话：010-88361066	机　工　官　网：www.cmpbook.com
010-88379833	机　工　官　博：weibo.com/cmp1952
010-68326294	金　书　网：www.golden-book.com
封底无防伪标均为盗版	机工教育服务网：www.cmpedu.com

前　言

本书贯彻落实习近平新时代中国特色社会主义思想和党的二十大精神，落实立德树人根本任务，依据国家现行专业教学标准、高等学校课程思政建设指导纲要编写。

本书以 Autodesk Revit 软件为基础，从实用角度出发，采用"模块分解、任务描述、知识学习、实例示范"的结构编排形式，较为全面地介绍了建筑设计与室内设计中 Revit 软件的基本概念、操作技巧、方法流程和案例应用等内容，贴近国内工程设计和实践。

本书共分为五个模块：BIM 概述、结构专业建模、建筑专业建模、深化设计、体量与族，各模块既可独立成册，又相互关联，覆盖了使用 Revit 进行建筑、结构建模设计的全过程。各模块部分任务配套了过关练习，作为过关考核，强化学生的技能训练。本书具有如下特色：

（1）**以企业、行业对人才的岗位要求为指导，以项目为导向，注重理论与实际的融合。**整体布局按照 BIM 工程师实际工作流程进行排列组织，遵循从建筑到室内、从建模到应用、从主体到细节、从简单到复杂、从一般到特殊的逻辑顺序，使教学内容与岗位需求相吻合，具有较强的针对性和实用性。

（2）**校企合作　双元育人，注重内容与标准的融合。**本次修订，特邀请江西中煤建设集团有限公司总工程师、江西省土木建筑学会副理事长谭光伟，江西省建工集团有限责任公司 BIM 中心主任蔡民，恒实建设管理股份有限公司工程师唐文俊等产教专家参与策划与编写工作，较好地做到内容与实际职业标准、岗位职责相一致。本书以已完工的实际工程（某办公楼）为例贯穿整个教学过程，保证了教材的系统性以及案例的规范性，配套电子版图样也可免费下载。

（3）**内容通俗易懂，注重知识与技能的融合。**以完整的项目案例为载体，利用"一图一练"的模式进行讲解，将复杂项目过程直观化，学生也更容易理解内容与提升技能。

（4）融入育人元素，注重技能与素养的融合。通过增加"素养目标"以及"延伸阅读与分享"，强化对学生职业素养的培养；通过在书中的页边区域融入育人元素，强化对学生职业精神、大国工匠精神的培养，贯彻落实"立德树人"根本任务。

（5）配套立体化数字资源，注重适用与实用的融合。本书配套大量的微课视频、电子课件、案例图样，以及对应的线上课程（超星平台，以教学资源包形式发布），实现可听、可视、可练、可互动，方便学生自学，也让本书更加好用、适用、实用。

本书由江西现代职业技术学院欧阳彬生、应仁仁任主编；江西省建工集团有限责任公司BIM中心主任蔡民，江西现代职业技术学院王伟、王强、罗军任副主编；参与编写的还有江西现代职业技术学院陈琳，恒实建设管理股份有限公司工程师唐文俊，江西现代职业技术学院谢雪红、梁艳晨；全书由应仁仁统稿，江西中煤建设集团有限公司总工程师、江西省土木建筑学会副理事长谭光伟主审。具体编写分工：欧阳彬生编写了模块一；王伟、蔡民编写了模块二；应仁仁、罗军、梁艳晨编写了模块三；陈琳编写了模块四；王强、唐文俊编写了模块五。书中的微课视频由欧阳彬生、应仁仁、王伟、王强、罗军负责录制，谢雪红参与了视频编辑。

最后，感谢读者选择了本书，希望编者的努力对读者的学习和工作有所帮助，也希望广大读者把对本书的意见和建议告知编者。由于编者水平和经验有限，书中难免有疏漏与不足之处，敬请读者批评指正。

编 者

微课视频清单

名称	图形	名称	图形	名称	图形
01 BIM概述		10 创建梁		19 绘制玻璃幕墙之一——玻璃幕墙的绘制	
02 图元操作与编辑		11 创建结构板		20 绘制玻璃幕墙之二——玻璃幕墙的设计	
03 创建标高		12 创建结构墙		21 创建编辑常规门	
04 编辑标高		13 墙体概念		22 创建编辑常规窗	
05 创建轴网		14 创建基本墙		23 创建楼板	
06 编辑轴网		15 创建叠层墙		24 复制编辑楼板	
07 创建垫层		16 绘制墙体之一——首层墙体的绘制		25 创建天花板	
08 创建基础		17 绘制墙体之二——墙体楼层的复制		26 楼梯的组成和尺寸	
09 创建柱子		18 绘制墙体之三——女儿墙的绘制		27 按草图创建楼梯	

(续)

名称	图形	名称	图形	名称	图形
28 按草图设计楼梯		38 设计栏杆与扶手		48 内建模型——创建台阶	
29 按构件绘制楼梯		39 设置栏杆与扶手		49 渲染与漫游之——设置日光及阴影	
30 复制楼梯		40 平屋顶的创建		50 布置相机视图	
31 创建楼梯之一——1F楼梯		41 创建坡屋顶		51 渲染与漫游之二——创建渲染	
32 创建楼梯之二——3F楼梯		42 创建拉伸屋顶		52 渲染与漫游之三——创建漫游	
33 创建楼梯之三——2F楼梯		43 创建竖井洞口		53 文字与尺寸标注	
34 创建楼梯之四——楼梯柱、梁创建		44 创建地形表面		54 图纸生成和输出	
35 创建楼梯之五——按草图生成楼梯的设计		45 创建建筑地坪		55 创建明细表	
36 创建楼梯之六——按构件设计楼梯		46 创建子面域道路		56 设置布图和出图样式	
37 创建坡道		47 构建布置		57 打印输出	

（续）

名　称	图　形	名　称	图　形	名　称	图　形
58　内建体量实例		63　融合实例		68　族综合运用实例	
59　创建体量族		64　螺栓绘制		69　嵌套族实例	
60　杯口基础绘制		65　旋转实例		70　百叶窗绘制	
61　拉伸实例		66　放样实例			
62　栏杆绘制		67　柱顶饰条			

目录

前　言
微课视频清单
模块一　BIM 概述 1
1.1　BIM 概念及特点 1
  1.1.1　BIM 概念 1
  1.1.2　BIM 特点 2
1.2　BIM 在施工领域的应用 5
1.3　Revit 软件介绍 7
1.4　BIM 与 Revit 8
1.5　Revit 软件界面 8
  1.5.1　Revit 启动界面 8
  1.5.2　Revit 操作界面 9
1.6　图元操作与编辑 10

模块二　结构专业建模 17
任务 2.1　绘制与编辑标高 17
  任务发布 17
  任务实施 2.1.1　创建标高 18
  任务实施 2.1.2　复制、阵列标高 22
  任务实施 2.1.3　编辑标高 26
  过关练习 1　——标高 28
任务 2.2　绘制与编辑轴网 28
  任务发布 28
  任务实施 2.2.1　创建轴网 29
  任务实施 2.2.2　复制、阵列轴网 31
  任务实施 2.2.3　编辑轴网 34
  过关练习 2　——轴网 36
任务 2.3　创建结构模型 37
  任务发布 37
  任务实施 2.3.1　创建基础 38
  任务实施 2.3.2　创建柱子 44
  任务实施 2.3.3　创建梁 51
  任务实施 2.3.4　创建结构板 56
  任务实施 2.3.5　创建结构墙 62
  过关练习 3　——结构专业建模 66

模块三　建筑专业建模 68
任务 3.1　创建墙体与幕墙 68
  任务发布 68
  知识准备 3.1.1　墙体概念 69
  任务实施 3.1.2　创建基本墙 70
  任务实施 3.1.3　绘制墙体 77
  任务实施 3.1.4　绘制叠层墙 80
  任务实施 3.1.5　绘制玻璃幕墙 85
  过关练习 4　——墙体 88
任务 3.2　创建门窗 90
  任务发布 90
  任务实施 3.2.1　创建并编辑常规门 90
  任务实施 3.2.2　创建并编辑常规窗 96

过关练习 5 ——门窗……99
任务 3.3　创建楼板与天花板……100
　任务发布……100
　任务实施 3.3.1　创建楼板……100
　任务实施 3.3.2　复制编辑楼板……103
　任务实施 3.3.3　创建天花板……104
　过关练习 6 ——楼板……108
任务 3.4　创建楼梯、坡道……109
　任务发布……109
　知识准备 3.4.1　楼梯的组成和
　　　　　　　　　尺度……109
　任务实施 3.4.2　创建楼梯……110
　任务实施 3.4.3　复制楼梯……115
　任务实施 3.4.4　创建坡道……117
　过关练习 7 ——楼梯、坡道……118
任务 3.5　创建与设计栏杆、扶手……119
　任务发布……119
　任务实施 3.5.1　创建栏杆、扶手……119
　任务实施 3.5.2　设计栏杆、扶手……123
　过关练习 8 ——栏杆、扶手……125
任务 3.6　创建屋顶……126
　任务发布……126
　任务实施 3.6.1　创建迹线屋顶……126
　任务实施 3.6.2　创建拉伸屋顶……133
任务 3.7　创建洞口……136
　任务发布……136
　任务实施 3.7.1　创建竖井洞口……136
　任务实施 3.7.2　创建垂直洞口……136
任务 3.8　创建场地……140
　任务发布……140
　任务实施 3.8.1　绘制地形表面……140
　任务实施 3.8.2　绘制建筑地坪……142
　任务实施 3.8.3　创建地形子面域……143
　过关练习 9 ——场地……144
任务 3.9　构件布置……145
　任务发布……145
　任务实施 3.9.1　放置构件……145
　任务实施 3.9.2　布置内建模型……150
　任务实施 3.9.3　布置场地构件……155

模块四　深化设计……158

任务 4.1　渲染与漫游……158
　任务发布……158
　任务实施 4.1.1　设置日光及阴影……159
　任务实施 4.1.2　设置构件材质……164
　任务实施 4.1.3　布置相机视图……165
　任务实施 4.1.4　渲染图像……166
　任务实施 4.1.5　创建漫游……169
任务 4.2　文字和尺寸标注……174
　任务发布……174
　任务实施 4.2.1　添加文字……174
　任务实施 4.2.2　添加尺寸标注……177
　任务实施 4.2.3　添加高程点和坡度……179
　任务实施 4.2.4　添加符号……182
　任务实施 4.2.5　添加标记……182
任务 4.3　图纸生成和输出……184
　任务发布……184
　任务实施 4.3.1　生成平面图、立面图、
　　　　　　　　　剖面图……184
　任务实施 4.3.2　创建明细表……197
　任务实施 4.3.3　设置布图和出
　　　　　　　　　图样式……200
　任务实施 4.3.4　打印输出……203

模块五　体量与族……209

任务 5.1　体量……209
　任务发布……209
　知识准备 5.1.1　体量简介……210
　任务实施 5.1.2　内建体量实例……210
　任务实施 5.1.3　创建体量族实例……214
任务 5.2　族……223
　任务发布……223
　知识准备 5.2.1　Revit族简介……224
　任务实施 5.2.2　创建二维族……229
　任务实施 5.2.3　创建二维族实例……229
　任务实施 5.2.4　创建三维模型族……241
　任务实施 5.2.5　创建嵌套族……267

参考文献……270

模块一 BIM 概述

■ 知识目标：
1. 了解 BIM 的发展历史和主要特点；
2. 了解 BIM 在施工领域的应用；
3. 掌握 Revit 软件的界面组成。

■ 能力目标：
1. 能够完成 Revit 软件的安装、启动与退出；
2. 能够完成基本的图元操作和编辑。

■ 素养目标：
1. 培养勤奋好学的学习态度，树立专业荣誉感和使命感；
2. 培养职业理想，树立从业意识，端正从业态度；
3. 培养民族自豪感和社会责任感。

1.1 BIM 概念及特点

1.1.1 BIM 概念

Building Information Modeling（BIM，建筑信息模型）是通过创建并利用数字模型对项目进行设计、建造及运营管理的过程。作为一种可视化的数字建筑模型技术以及为设计师、建造师、机电安装工程师、开发商乃至最终用户等各环节人员提供模拟和分析的数据协同平台，BIM 技术的推广和发展能使工作效率大幅提升，能有效降低劳动强度，服务于项目全寿命周期，如图 1-1 所示。

BIM 概述

图 1-1　工程项目不同阶段的 BIM 应用

自从 1975 年，美国的 Chuck Eastman 教授提出了建筑物计算机模拟系统（Building Description System，BDS）的概念以来，BIM 技术理念得以迅速发展。BIM 的概念最开始在美国得以推广应用，随后在欧洲、日本、新加坡等国家也得到了积极的推广。

美国 BIM 标准（NBIMS）对 BIM 的定义有 3 个层次的含义：

1）BIM 是一个设施（建设项目）的物理和功能特性的数字表达。

2）BIM 是一个共享的知识资源，是一个分享某个设施的信息，为该设施从建设到拆除的全生命周期的所有决策提供可靠依据的过程。

3）在项目的不同阶段，不同利益相关方通过 BIM 提取、更新和修改信息，以支持和反映体现各自职责的协同作业。

1.1.2　BIM 特点

根据 BIM 的概念，结合工程建设实践，总结出 BIM 具有 5 个特点：可视化、协调性、模拟性、优化性和可出图性。

模块一 BIM 概述

1. 视图可视化

视图可视化是指通过 BIM 技术，视图上可实现由二维图纸到三维模型，如图 1-2 所示。

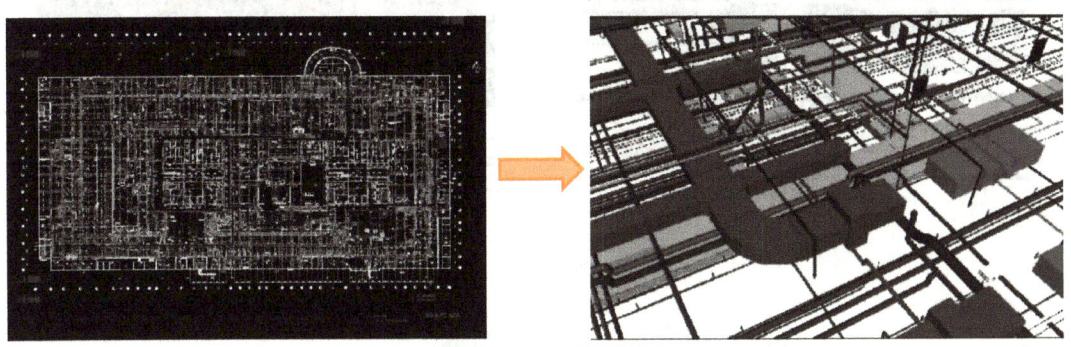

图 1-2 视图可视化

2. 过程可视化

过程可视化是指建设项目信息的传输与共享，使得整个建造过程可视化，如图 1-3 所示。

图 1-3 过程可视化

3. 建筑物各构件间的协调

通过 BIM 技术，建筑物的各个构件、管道、钢筋等，通过碰撞检查，可使其避免冲突，如图 1-4 所示。

4. 各阶段、各参与方工作协调

通过 BIM 技术实现信息的共享，即基于同一 BIM 模型各参与方之间工作的协调性，如图 1-5 所示。

图 1-4 碰撞检查

图 1-5 协调性

5. 模拟性（图 1-6）

模拟性是指通过 BIM 技术（创建三维模型）可实现日照模拟、自然通风模拟和热能环境模拟等。

6. 优化性（图 1-7）

利用 BIM 技术可对建设项目的设计、施工、运营等过程进行更好的优化。

模块一　BIM 概述

a）日照模拟　　　b）自然通风模拟　　　c）热能环境模拟

图 1-6　模拟性

图 1-7　优化性

1.2　BIM 在施工领域的应用

根据目前施工领域的 BIM 应用情况和实施价值，施工领域 BIM 应用类别可分为以下 3 类：
1）支撑施工投标的应用。
2）支撑施工管理和工艺改进的初级应用。
3）支撑项目管理和展示 BIM 实力的高级应用。

1. 支撑施工投标的应用（图 1-8）
1）3D 施工工况的展示。
2）4D 方案演示和虚拟建造。

2. 支撑施工管理和工艺改进的初级应用
1）施工管理和工艺改进（图 1-9）。
2）工程量和测量数据自动计算。建模的过程中对复杂构件分节段进行族的建立，可精确确定相关参数。
3）消除现场工艺冲突。钢筋、管线等容易发生冲突，通过对其进行建模，可事先发现冲突点。
4）施工场地布置和管理。通过对场地进行立体的展示，对机电设备进行施工安装的模拟，如图 1-10 所示。

提高工作效率，节约时间，降低成本，树立可持续发展价值观

了解BIM技术发展现状，培养民族自豪感和社会责任感

图 1-8　BIM 支撑施工投标的应用

✓ 设计审查和深化设计
✓ 工程可建设性模拟
✓ 可视化条件下技术讨论和简单协同　　⇐　　通过建立三维模型对施工工序进行模拟展示
✓ 施工方案演示和简单优化

图 1-9　BIM 支撑施工管理和工艺改进的应用

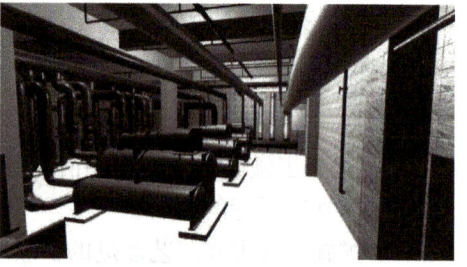

图 1-10　施工场地、机械平面布置模拟

3. 支撑项目管理和展示 BIM 实力的高级应用

1）4D 计划管理和进度监控。
2）施工方案的高级验证和优化。
3）施工资源管理和协调。
4）施工预算和成本核算。
5）质量、安全管理。
6）绿色施工技术。
7）总承包管理协同工作平台的搭建……

有效提高建筑企业经营管理水平和核心竞争力

以上这些过程需要专业的设备、高级的相关软件的支持。

1.3 Revit 软件介绍

Revit 是专门针对 BIM 设计的,是最先引入建筑社群并提供建筑设计和文件管理支持的软件。目前,BIM 以及参数化变更引擎在经过设计和优化后,可以支持整个建筑企业的信息建立和管理。BIM 是一种先进的数据库基础结构,可以满足建筑设计和制作团队的信息需求。Revit 软件将此信息基础结构的功能扩大到建筑项目的厂房设计、结构配置、土木工程敷地、机电空调水电、施工四维模拟等工作中,为业主单位提供可视化与数据化的决策依据。

Revit 软件主要有以下 3 种:

1) Revit Architecture:主要功能着重于建筑外观与内部设计及家具或设备的规划,它可以将家具或设备呈现于建筑空间中,且可从各个角度观看建筑外观与内部景观,还具有敷地、日照环境与表现及施工图表现等功能。

2) Revit Structure:主要着重于结构设计,它可以依据设定将配筋、钢骨架等对象画在建筑 3D 模型上;更重要的是依据它们原本的设定,这些结构对象可以回馈至结构分析软件中做分析,提供许多型钢规格并与多种结构分析软件相结合传递数据。在其数量统计程序中还能以表格形式列出结构材料的使用数量,然后传至 Excel 中做预算。

3) Revit MEP:主要功能着重于建筑机械与设备管线的配置、规划,并提供电力负载及空调空间热能分析功能;是一套专为机电工程师量身定做的机电系统仿真平台,其可协助机电工程师进行电力系统的设计与分析,与其他 Revit 系列软件一样也采用参数化设计,凡是 Revit MEP 系统建立的数字模型皆可在 Revit MEP 提供的操作环境中进行模拟。另外,还提供管路路径自动配置的功能,用户只需选取管路与所要连接的设备,系统就会自动产生多种管路布设方式供使用者选取与修改,并在管路拐弯折角处自动绘制适当零件,大幅减少绘图的时间。

Revit 软件特点:

1) 直觉式设计环境、功能接口,给予用户较高的使用亲和力。
2) 参数式组件,广泛的设置组件数据库。
3) 提供 gbXML 接口,可进行能源仿真及能源负载分析。
4) 整合 ROBOT 及 RISA 结构计算分析。
5) 具有很强的概念设计工具接口,设计初期可简单分析建筑体量。
6) 提供 2D 剖面详图及明细表,以"材料需求"计算详细材料数量。
7) 支持多数三维模型格式,可以检视接口的文件格式为 DGN、DWG、DWF、DXF、IFC、SAT、SKP、AVI、ODBC、gbXML、BMP、JPG、TGA、TIF。
8) 实时协作能让多人同时操作同一个 DWG 档案,并实时浏览其变更。
9) 设计时间表能捕捉和追踪所有图纸的变更,以利于版本控制和审核。

Revit 软件建模顺序:

模型创建的顺序一般是先结构专业,后建筑专业,最后是机电暖通专业。结构与建筑专业的各个构件的建模顺序如图 1-11 所示。

图 1-11　建模顺序

1.4　BIM 与 Revit

　　从 BIM 设计过程的资源、行为、交付 3 个基本维度，给出设计企业的实施标准的具体方法和实践内容。BIM 并不是简单地将数字信息进行集成，而是一种数字信息的应用，并可以用于设计、建造、管理的数字化方法。这种方法支持建筑工程的集成管理环境，可以使建筑工程在其整个进程中显著提高效率、大量减少风险。

　　BIM 指的是一种数字建模，可检查施工，对于一个项目来说，可减少返工等诸多不利事件的发生，解决很多复杂的问题。BIM 只是一个统称，它里面包含很多内容，涵盖很多建筑行业里的专业知识，包括管道、水暖、建筑、结构等方面。

　　Revit 系列软件是专为 BIM 构建的，可帮助建筑设计师设计、建造和维护质量更好、能效更高的建筑。它结合了 Revit Architecture、Revit MEP 和 Revit Structure 软件的功能，提供支持建筑设计、MEP 工程设计和结构工程设计的工具。

1.5　Revit 软件界面

1.5.1　Revit 启动界面（图 1-12）

　　在【最近使用的文件】界面中，可以单击相应的快捷图标打开、新建项目或族文件，也可以查看相关帮助和在线帮助，快速掌握 Revit 的使用。当不希望显示【最近使用的文件】界面时，可以按图 1-13 所示步骤来设置。

　　在软件的选项中还能设置"保存提醒时间间隔""选项卡"的显示和隐藏，以及文件保存位置等。

模块一　BIM 概述

图 1-12　Revit 启动界面

图 1-13　Revit 界面设置

1.5.2　Revit 操作界面

在启动界面新建"机械样板",如图 1-14 所示。Revit 建模操作界面如图 1-15 所示。

图 1-14　Revit 新建"机械样板"

图 1-15　Revit 建模操作界面

图 1-15 中，各数字含义如下：

1——应用程序按钮。
2——快速访问栏：可以添加经常使用的工具按钮。
3——选项卡：建筑、结构、系统、插入、注释等，在用户界面选项中可以进行隐藏。
4——选项栏：构件、楼梯坡道模型等。
5——工具。
6——【属性】面板：用来显示项目中图元的各类参数。
7——项目浏览器：视图、图例、明细表、图纸、族分类等。
8——视图控制栏：比例尺、详细程度、视觉样式、临时隐藏/隔离等。
9——绘图区域。

1.6　图元操作与编辑

图元操作与编辑

Revit 在项目中使用 3 种类型的图元（图 1-16）：模型图元、基准图元和视图专有图元。Revit 中的图元也称为族，族包含图元的几何定义和图元所使用的参数。图元的每个实例都由族定义和控制。

1）模型图元表示建筑的实际三维几何图形，包括：墙、窗、门、屋顶、结构墙、楼板、坡道、水槽、锅炉、风管、喷水装置和配电盘等。

2）基准图元可帮助定义项目上下文，例如，轴网、标高和参照平面等。

3）视图专有图元只显示在放置这些图元的视图中，它们可帮助对模型进行描述或归档，尺寸标注也是视图专有图元。

模型图元（图 1-17）有两种类型：

1）主体（或主体图元），通常在构造场地进行在位构建。

2）模型构件，是建筑模型中其他所有类型的图元。

模块一　BIM 概述

图 1-16　Revit 的图元分类

图 1-17　模型图元

视图专有图元有两种类型：

1）注释图元，是对模型进行归档并在图纸上保持比例的二维构件。例如，文字注释、标记、符号、尺寸标注等。

2）详图，是在特定视图中提供有关建筑模型详细信息的二维项，包括详图线、填充区域和二维详图构件。

这些功能为设计者提供了设计灵活性。Revit 图元设计可由用户直接创建和修改，无须进行编程。在 Revit 中绘图时可以定义新的参数化图元。

在 Revit 中，图元通常根据其在建筑中的上下文来确定自己的行为。上下文是由构件的绘制方式，以及该构件与其他构件之间建立的约束关系确定的。通常，要建立这些关系，无须执行任何操作，因为执行的设计操作和绘制方式已隐含了这些关系。在其他情况下，可以显式和控制这些关系，例如锁定尺寸标注或对齐两面墙。只有在选中图元后，用于修改绘图区域中的图元的控制柄和工具才可用。

为了帮助识别图元并将其标记为处于选中状态，Revit 提供了自动高亮显示功能。在绘图区域中将光标移动到图元上或图元附近时，该图元的轮廓将会呈现高亮显示（它会以更粗的线宽显示）。图元的说明在 Revit 窗口底部的状态栏上显示。在短暂的延迟后，图元说明也会在光标下的工具提示中显示，如图 1-18 所示。

图 1-18　高亮显示前后的墙图元

在某个图元高亮显示时，点击以选择它。在一个视图中选择了某个图元时，该选择也将应用于所有其他视图。

> ■ 小提示
>
> 当附近有其他图元而难以高亮显示某个特定图元时，可按 <Tab> 键循环切换图元，直到所需图元呈高亮显示为止。状态栏会标识当前高亮显示的图元。按 <Shift+Tab> 键可以按相反的顺序循环切换图元。

选择某个图元后（图 1-19）：

1）图元的轮廓将以在选项中指定的颜色显示。

2）任何图元专有的编辑控制柄和尺寸标注都会显示在图元上或图元附近。

3）适用的编辑工具将会在【修改 | 图元】选项卡上变得可用。

图 1-19　选中后的墙

4）状态栏中的选择合计显示所选的图元数。

可以将项目或族中的图元成组，然后多次将组放置在项目或族中。需要创建表示重复布局或通用于许多建筑项目的实体时，对图元进行分组非常有用。

放置在组中的每个实例之间都存在相关性。例如，创建一个具有床、墙和窗的组，然后将该组的多个实例放置在项目中。如果修改一个组中的墙，则该组所有实例中的墙都会随之改变。

可以创建：

1）模型组，可以包含模型图元，如图 1-20 所示。

2）详图组，可以包含视图专有图元（如文本和填充区域），如图 1-21 所示。

模块一　BIM 概述

图 1-20　模型组

图 1-21　详图组（1）

3）附着的详图组，可以包含与特定模型组关联的视图专有图元，如图 1-22 所示。

组不能同时包含模型图元和视图专有图元。如果选择了这两种类型的图元，然后尝试将它们成组，则 Revit 会创建一个模型组，并将详图图元放置于该模型组的附着的详图组中。如果同时选择了图元和模型组，其结果相同：Revit 将为该模型组创建一个含有详图图元的附着的详图组。

阵列工具用于创建选定图元的线性阵列或半径阵列。使用阵列工具可以创建一个或多个图元的多个实例，并同时对这些实例执行操作。

图 1-22　详图组（2）

阵列中的实例可以是组的成员，因此，可以在组中添加或删除项目。有关成组的详细信息，请参见编辑组中的图元的相关内容。

■ 小提示

大多数注释符号不支持阵列。

样例（图 1-23）：

1）可以选择墙上的一个门和一扇窗，然后创建此门窗配置的多个实例。

2）可以创建一个 7 面墙的阵列。如果使一张书桌与其中的一面墙成组时，此阵列中的所有墙均会获得此书桌。

从图纸中提取信息，逐一记录和建模，提取过程中要保持科学客观的态度

13

图 1-23 样例（1）

可以使用"形状编辑"工具，通过定义排水的高点和低点来处理水平（非倾斜）楼板或屋顶的表面。通过指定这些点的高程，可以将表面拆分成多个可以独立倾斜的子面域，如图 1-24、图 1-25 所示。

图 1-24 样例（2）

图 1-25 样例（3）

> **形状编辑示例：**
> 使用【形状编辑】工具可以设置固定厚度楼板的坡度或具有可变厚度层的楼板的顶面坡度，以便进行以下建模：
> 1）由倾斜的非平面框架支撑的固定厚度的楼板或屋顶。
> 2）用于倾斜的水平平面表面的可变厚度材质（如变厚度板）。

■ 小提示

编辑了形状的楼板和屋顶不会报告真实的厚度。【形状编辑】工具用于形成适当的坡度，在这种情况下，真实厚度的变化不重要。但是，随着坡度的增加，此变化也会增加。当坡度与预期厚度的偏离很大时，Revit 会发出警告。

为了启用【形状编辑】工具，必须满足以下条件：
1）楼板必须是平的，并且位于水平平面上。
2）屋顶不能附着到另一屋顶，而且不能是幕墙屋顶。
只要上述条件有一个不满足，则不能使用【板形状编辑】按钮。可以使用【修改|楼板】选项卡。

■ 注　意

如果以后由于对图元做了编辑而违反了这些条件，则【板形状编辑】命令将产生错误，并发生回调，使用户能重设【板形状编辑】命令。

【形状编辑】面板上的【形状编辑】工具包括：子图元、添加点、添加分割线、拾取支座、重设形状。

■ 注　意

使用这些工具编辑楼板或屋顶的形状，不会影响到它的分析模型形状。基于原始顶面的单个分析模型面保持不变。

■ 注意事项

1）自动分割线。为了保持楼板/屋顶几何图形的精度，有时会自动创建分割线。如果分割线的创建条件无效，则自动创建的分割线将被删除。例如，4 个非平面顶点变为平面顶点，或者手动创建分割线时。
2）扭曲的楼板/屋顶。如果某平面的边界是 4 条非平面边界边缘或用户创建的分割线，则此平面将会变形。为了避免变形，请在相对顶点之间添加一条分割线。

延伸阅读与分享

BIM 技术应用于国家会展中心

（一）案例简介

国家会展中心总建筑面积约 147 万 m^2。该项目利用 BIM 技术，深化设计缩短了 3 个月，模拟试验中消除碰撞上千处，换算下来，节约投资数千万元。

BIM 在项目中的应用如下：

1. 梁、柱节点深化。本工程大体积混凝土构件多，特别是某些梁、柱尺寸大，施工时钢筋绑扎、连接，以及钢结构与混凝土构件交接处的处理直接影响工程质量及工期保证。通过应用 BIM 技术对梁、柱节点进行深化，依据所建立的梁、柱节点处的 BIM 模型，进行节点处钢筋的碰撞检测，依据碰撞检测报告，进行节点处钢筋排布的优化，进而完成对节点处的深化，恰到好处地解决了此类问题。

2. 施工重点、难点方案的优化。在编制本工程施工方案时，应用 BIM 技术对工程重点、难点部位（如梁、柱节点，高支模，预应力部位等），进行模拟施工，预估施工过程中可能出现的问题，从而在方案阶段就加以优化，避免后期问题的出现。

3. 钢筋算量。以往在进行钢筋算量时，商务人员往往根据施工图纸，进行大量手算或借助简单的工具辅助计算，工作量繁重，且最终算量与现场施工实际用量差距较大。现在基于 BIM 技术，依据 BIM 模型，导入钢筋算量软件，根据平法图集进行钢筋布置、算量，大大提高了工作效率，并保证了钢筋算量的准确性。

4. 混凝土、砌体、模板工程算量。主体结构工程材料（混凝土、砌体、模板）算量过程中，依托 BIM 模型，在模型中划分施工标段，对工程材料（混凝土、砌体、模板）进行算量，编排进场计划和用料核算。

5. 现场平面管理。本工程体量大、工期紧、分部分项工程复杂、分包单位参与多，给现场管理带来极大的难度。应用 BIM 技术，通过预先建立的施工现场 BIM 模型，并结合现场实际工程进展及时更新 BIM 模型，从而为现场管理提供了直观的参考，再现施工现场的整体进度和情况，以便进行规划、布置、协调等工作。

6. 专项施工方案模拟。本工程楼面为超大面积预应力梁板结构，屋面结构为多跨连续大跨度三角形空间管桁架结构。为了更好地组织施工、节约工期，需要进行穿插施工，以便屋盖钢结构吊装分部分项工程尽早介入。应用 BIM 技术对该专项施工方案进行了施工模拟，对比了分仓流水递推施工法和跳仓同步施工法两种施工工法在本工程施工中的各自优势。最终确定，使用分仓流水递推施工的方案，组织两支队伍同步施工，施工顺序由西向东。

（二）案例点评

本案例主要体现了 BIM 技术在国家级示范工程项目上的应用。通过本案例的讲解，可以认识到工程项目建设过程中攻坚克难的过程，BIM 技术在实际工程建设中扮演着重要角色，我们要努力学好 BIM 技术。

模块二　结构专业建模

■ 知识目标：

1. 了解结构专业的建模流程；
2. 掌握标高、轴网的绘制方法；
3. 掌握结构专业的基础、柱、梁等构件的定义及绘制方法。

■ 能力目标：

1. 能够完成基于 Revit 的标高、轴网的创建；
2. 能够完成结构专业各构件模型的创建。

■ 素养目标：

1. 结构建模过程中要注重细节，形成耐心细致、追求专注、精益求精的学习态度与工作作风，树立坚定的责任意识；
2. 培养一丝不苟、严谨负责的职业道德观；
3. 鼓励克服困难、知难而进，培养敬业、专注、严谨的工匠精神。

任务 2.1　绘制与编辑标高

任务发布

创建标高

■ 任务描述：

标高是指在高度方向上相互平行的一组面，用来定义建筑内的垂直高度或楼层高度，以反映建筑构件的定位情况。标高包含标头和标高线。标高的标头符号样式、标高值、标高名称等信息通过标头反映；标高对象投影的位置和线型通过标高线反映。

本任务主要讲述标高基本属性及其设置方法，新建标高及修改标高的方法。要求学生熟悉标高 2D 模式与 3D 模式的区别与联系；在创建和标注的过程中要注重细节，树立坚定的责任意识，培养一丝不苟、严谨负责的职业道德观。

■ **任务目标：**

完成 1 号办公楼标高的绘制与编辑。

任务实施 2.1.1　创建标高

1. 新建项目文件

绘制标高是创建标高的基本方法之一，此方法适用于低层或尺寸变化差异过大的建筑构件。在做项目前，必须首先选择一个合适的项目样板来新建项目。

启动 Revit 软件后，单击左上角的【应用程序菜单】按钮，在打开的下拉菜单中选择【新建】→【项目】选项，软件将打开【新建项目】对话框，如图 2-1 所示。此时，在该对话框中选择"建筑样板"文件作为样板文件，然后单击【确定】按钮完成项目新建。

图 2-1　【新建项目】对话框

2. 保存项目文件

再次单击【应用程序菜单】按钮，在打开的下拉菜单中选择【保存】选项，软件将打开【另存为】对话框，如图 2-2 所示。此时在"文件名"文本框中输入"1 号办公楼结构模型"，保存该文件到桌面，然后单击右上角【关闭】按钮，退出软件。

图 2-2　【另存为】对话框

双击桌面"1号办公楼结构模型.rvt"图标,进入标高的绘制操作。标高的创建与编辑必须在立面视图或剖面视图中才能进行,因此在项目设计时,必须首先进入立面视图。默认情况下,绘图区域显示为"平面"视图效果,"项目管理器"和"属性"栏为隐藏状态,因此,需要切换到【视图】选项卡,在【窗口】面板中单击【用户界面】按钮,勾选【项目浏览器】和【属性】,如图2-3所示。这时可以在【项目浏览器】里展开【立面】,双击【南】,将绘图区域视图效果切换为"南立面"显示。在该视图中,标高图标显示为蓝色,倒三角标高值显示在图标上方,灰色虚线为标高线,标高名称位于标高线右侧,如图2-4所示。由南立面视图可知,系统预设了±0.000的标高1和4.000的标高2。

> 认真识图,按要求操作,养成良好的习惯

图 2-3 【用户界面】选项框

图 2-4 南立面视图

用户可以对已有的标高进行高度值的修改,将光标指向标高2一端,选择"标高2",并滚动鼠标滚轮放大该区域。单击标高值,在文本框中输入"3.8",接着按<Enter>键完成标高值的更改,如图2-5所示。该项目样板的标高值是以米(m)为单位,标高值并不是任意设置的,而是根据建筑设计图中的建筑尺寸来设置相应的层高。与此同时,标高修改后Revit中的临时标注尺寸也已经修改为3800mm,如图2-6所示。

图2-5 修改标高值

图2-6 临时标注尺寸

用户可以通过绘制标高的方法来为项目添加标高。切换到【建筑】选项卡,在【基准】面板中单击【标高】按钮,软件将自动切换至【修改|放置标高】选项卡。单击【绘制】面板中的【直线】按钮,勾选【创建平面视图】。此时,若启用该复选框,则所创建的每个标高都是一个楼层;若禁用该复选框,则认为标高是非楼层的标高,且不创建相关联的平面视图。单击【平面视图类型】,打开【平面视图类型】对话框,选择"楼层平面","偏移量"为"0.0",如图2-7所示。

移动光标,当光标移动到现有标高的标头时,Revit会给出一个对齐捕捉的标记,单击该标记作为标高的起点,向右移动光标,当移动到右标头时,Revit同样会给出一个对齐捕捉的标记,单击该标记作为标高的终点,绘制标高,如图2-8所示。

图2-7 【平面视图类型】对话框

图2-8 绘制标高

此时,将光标指向标高3右侧,单击"标高3",光标与现有标高之间将显示一个临时尺寸标注。双击临时尺寸标注,修改尺寸,如图2-9所示。

此外,选择【标高】命令后,【属性】面板中将显示与标高相关的参数选项。例如,选择标高3,【属性】面板显示如图2-10所示方框信息。

图 2-9　修改标高　　　　　　　　图 2-10　标高参数

在属性栏中可以指定项目样板中提供的相关标头类型。例如，用户可以选择"下标头"类型，按照上述绘制标高的方法，在标高 1 的下方绘制具有下标头样式的标高 4，效果如图 2-11 所示。

图 2-11　绘制下标头标高

任务实施 2.1.2　复制、阵列标高

在 Revit 中，除了通过直接绘制创建标高外，还可以通过复制和阵列的方法进行创建。

1. 复制创建标高

在绘图区域选择需要复制的标高，此时，软件将会自动切换至【修改|标高】选项卡。单击【修改】面板中的【复制】按钮，并勾选【约束】和【多个】复选框。启用选项栏中的【约束】复选框，可以激活正交模式；若启用【多个】复选框，则可以连续进行多个复制操作。接着在标高 3 的任意位置单击鼠标左键作为复制的基点，如图 2-12 所示。

图 2-12　选择要复制的标高

使用【复制】命令可提高作图效率，但要严谨、细致

最后向上移动光标，软件将显示一个临时尺寸标注。当临时尺寸标注显示为"3600"时单击鼠标左键，完成标高 5 的创建操作，效果如图 2-13 所示。

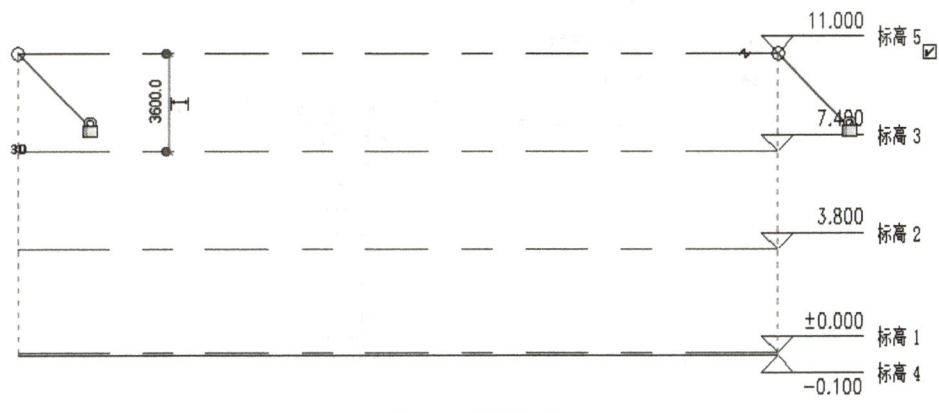

图 2-13　复制标高

2. 添加楼层平面

通过复制方式创建的标高在项目浏览器中并未生成相应的平面视图。标高 5 的标头在绘图区域显示为黑色，效果如图 2-14 所示。

此时，需要给标高 5 建立一个楼层平面，在【视图】选项卡下，单击【平面视图】下拉菜单中的【楼层平面】按钮，打开【新建楼层平面】对话框，如图 2-15 所示。单击选择【标高 5】选项，并单击【确定】按钮，完成标高 5 楼层平面视图的创建。

图 2-14 复制标高显示效果

图 2-15 创建复制标高的楼层平面视图

一般情况下直接绘制的标高标头符号为蓝色,通过其他方式创建的标高标头符号为黑色。当双击蓝色标头符号时,视图将自动跳转至相应的平面视图,而双击黑色标头符号却不能引导视图的跳转。

3. 阵列创建标高

在 Revit 中,除了通过直接绘制和复制标高的方法创建标高外,阵列标高也是常用的一种标高创建方法。用阵列命令可一次绘制多个间距相等的标高。选择需要阵列的标高,软件

将自动切换至【修改|标高】选项卡。在【修改】面板中单击【阵列】按钮，并勾选【线性】按钮，不勾选【成组并关联】复选框，"项目数"设置为"2"，则将生成包含被选中的阵列对象在内的共 2 个标高。勾选【第二个】和【约束】复选框（保证正交），最后单击标高任意位置用来确定基点，如图 2-16 所示。

> 要保证信息数据精确无误，因为在 BIM 设计中，"失之毫厘"可能导致"谬以千里"的积累误差

图 2-16　阵列标高对象

确定阵列基点后，向上拖动光标，软件会显示一个临时尺寸标注，或用户可以自己输入一个数值（如 3400）或当临时尺寸标注值显示为"3400"时单击鼠标左键，完成标高的阵列操作，效果如图 2-17 所示。

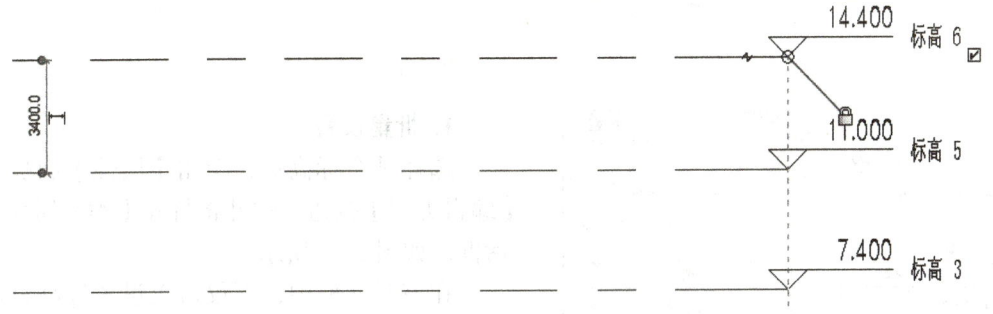

图 2-17　阵列标高

当选择【阵列】命令后，用户还可以通过设置选项栏中的参数选项来创建径向阵列或线性阵列。各参数选项的含义如下：

1）线性：当单击该按钮时，将创建线性阵列。
2）径向：当单击该按钮时，将创建径向阵列。
3）成组并关联：勾选该复选框，软件将阵列的每个图元包括在一个组中；若不勾选该复选框，软件将创建指定数量的副本，但副本间是独立的，不会成组。
4）项目数：指定阵列中所有选定图元的副本总数。
5）移动到：该选项组用来设置阵列效果。
6）第二个：选择该按钮，可以指定阵列中每个图元间的间距。
7）最后一个：选择该按钮，可以指定阵列的整个跨度，即第一个图元与最后一个图元

的间距。

8）约束：用来限制阵列图元沿着与所选的图元垂直或共线的方向移动。

任务实施 2.1.3 编辑标高

编辑标高

在 Revit 中，用户可以通过【类型属性】对话框统一设置标高的各种显示效果，也可以通过手动方式分别设置标高的各种显示效果，如标高名称及其显示位置，如图 2-18 所示。

认真识图，培养一丝不苟、严谨负责的职业道德观

图 2-18 编辑标高

图 2-19 【类型属性】对话框

1. 批量设置

选择某个标高后，单击【属性】面板中的【编辑类型】按钮，软件将打开【类型属性】对话框，如图 2-19 所示。

在该对话框中，不仅可以设置标高显示的颜色、线型图案、线宽，还可以设置端点符号的显示与否。

2. 手动设置

标高除了可以在【类型属性】对话框中统一设置外，还可以通过手动方式来设置。

（1）重命名标高

双击标高名称，在弹出的文本框中输入标高名称，如"F1"，并按 <Enter> 键确认，此时，软件将打开【Revit】提示框，单击【是】按钮，则在更改标高名称的同时更改了相应视图的名称，效果如图 2-20 所示。

图 2-20　重命名标高

（2）标头的隐藏与显示

选取某一标高，不勾选其右侧的【隐藏编号】复选框，则隐藏该标高右侧标头，效果如图 2-21 所示；若要重新显示标高右侧标头，勾选右侧的【隐藏编号】复选框即可。

图 2-21　标头的隐藏与显示

（3）为标高添加弯头

单击选中某一标高，在标头右侧标高线上将显示添加弯头图标，如图 2-22 所示。

单击标高线中的添加弯头图标，即可改变标高参数和符号的显示位置，效果如图 2-23 所示。

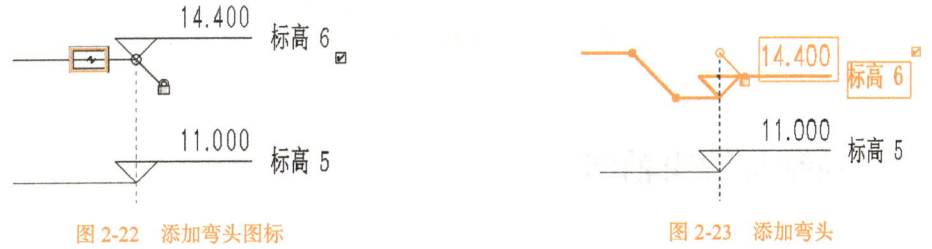

图 2-22　添加弯头图标　　　　　　　　图 2-23　添加弯头

添加弯头后，还可以通过单击并向上或向下拖动蓝色拖曳点来改变标高参数和图标的显示位置，效果如图 2-24 所示。

（4）标头对齐锁

在 Revit 中，当标高端点对齐时，单击选中任意标高，软件都将在其标头右侧显示标头对齐锁。默认情况下，单击并拖动标高端点改变其位置，所有对齐的标高将同时移动，效果如图 2-25 所示。

图 2-24　调整标头显示位置

若单击标头对齐锁进行解锁，并再次单击标高端点，之后再次拖动标高端点，则只有该选定的标高移动，其他标高不会随之移动，效果如图 2-26 所示。

图 2-25 统一调整标高线标头位置　　　　　图 2-26 单独调整标高线标头位置

过关练习 1 ——标高

参照某小别墅的建筑施工图，采用绘制、复制、阵列等方法，绘制小别墅的标高，并完成标高对应楼层平面的创建。绘制完成后的标高如图 2-27 所示。

图 2-27 某小别墅的标高

任务 2.2　绘制与编辑轴网

任务发布

■ 任务描述：

轴网是由建筑轴线交错组成的网，由定位轴线、标识尺寸和轴号组成。建筑物的主要支承构件都按照轴网定位排列，从而达到井然有序的效果。本任务主要介绍轴网的创建方式，以及弧形轴线的绘制方法。创建轴网是定位模型的关键环节，要求学生在创建和标注轴网的过程中注重研究和分析图纸，仔细定位，鼓励学生克服困难、知难而进，培养学生敬业、专注、严谨的工匠精神。

模块二　结构专业建模

■ 任务目标：

完成 1 号办公楼轴网的绘制与编辑。

创建轴网

任务实施 2.2.1　创建轴网

在 Revit 中，用户可以通过绘制轴网的方法来创建轴网。

1. 绘制直线轴网

最基本的轴网创建方法是绘制轴线。轴网的创建需要在楼层平面视图中进行。打开项目文件，在"项目浏览器"中双击【视图】→【楼层平面】→【F1】选项，进入"楼层平面：F1"视图，如图 2-28 所示。

切换至【建筑】选项卡，在【基准】面板中单击【轴网】命令，软件自动打开【修改|放置轴网】选项卡，如图 2-29 所示。

在绘图区域左下角的适当位置单击鼠标左键，按住 <Shift> 键向上移动光标，在适当位置再次单击鼠标左键，创建完成第一条轴线，效果如图 2-30 所示。

图 2-28　选择"F1"楼层平面视图

图 2-29　【基准】面板

按类似的方法绘制第二条轴线。用户将光标指向轴线的一侧端点，光标与现有轴线之间会显示一个临时尺寸标注，而且会有对齐捕捉，输入临时尺寸标注"3300"，按 <Enter> 键，确定第一个点，再按 <Shift> 键向上移动光标。当捕捉到对齐捕捉点时，单击该点即可确定所绘轴线的另一侧端点，完成该轴线的绘制，效果如图 2-31 所示。

图 2-30　绘制垂直轴线

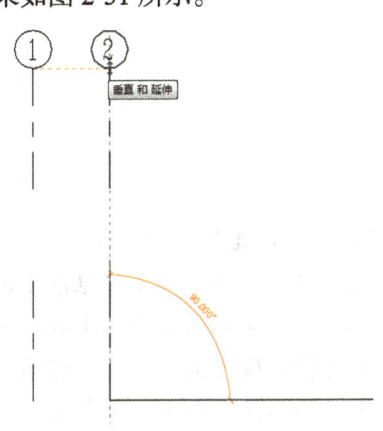

图 2-31　绘制第二条轴线

2. 绘制弧形轴网

在轴网的绘制方式中，除了绘制直线轴线外，还能绘制弧形轴线。绘制弧形轴线的方法有两种：一种是利用"起点-终点-半径弧"绘制工具；另一种是利用"圆心-端点弧"绘制工具。

（1）"起点-终点-半径弧"绘制工具

在【建筑】选项卡下，单击【基准】面板中的【轴网】命令，软件即可打开【修改|放置轴网】选项卡。然后单击【绘制】面板中的【起点-终点-半径弧】命令，并在绘制区域的任意空白位置单击鼠标左键，即可确定弧形轴线的一个端点。移动光标，软件将显示两个端点之间的标注尺寸以及弧形轴线角度值，效果如图 2-32 所示。

图 2-32 确定弧形轴线端点

根据临时尺寸标注中的参数值，在适当位置单击鼠标左键，确定第二个端点，继续移动光标，此时会显示弧形轴线半径的临时尺寸标注。在确定半径参数后再次单击鼠标左键，完成弧形轴线的绘制，效果如图 2-33 所示。

图 2-33 绘制弧形轴线

（2）"圆心-端点弧"绘制工具

在【建筑】选项卡下，单击【基准】面板中的【轴网】命令，软件即可打开【修改|放置轴网】选项卡。然后单击【绘制】面板中的【圆心-端点弧】命令，并在绘图区域的任意位置单击鼠标左键，确定圆心位置。移动光标，此时显示临时半径的标注，然后指定弧形轴线的半径，并在适当位置单击鼠标左键，以确定第一个端点位置。继续移动光标，并在适当位置继续单击鼠标左键，确定第二个端点的位置，弧形轴线即绘制完成。

任务实施 2.2.2 复制、阵列轴网

轴线的复制方法与标高的复制方法极为相似。首先选择将要复制的②轴线,软件将自动切换至【修改|轴网】选项卡。单击【修改】面板中的【复制】按钮,并勾选【约束】和【多个】复选框。勾选【约束】,确保轴线在正交的方向上复制,单击②轴线的任意位置作为复制的基点,然后向右移动光标,软件会显示临时尺寸标注。当临时尺寸标注为"6000"时单击鼠标左键,完成轴线的复制操作。轴号会按照之前已经绘制好的轴线自行排序。继续向右移动光标,可连续进行相应的轴线复制操作,效果如图2-34所示。

图 2-34 复制轴线

对一些间距相等的轴线,可以利用"阵列"工具同时创建多条轴线。选择②轴线,软件将切换至【修改|轴网】选项卡。单击【修改】面板中的【阵列】按钮,单击【线性】按钮,不勾选【成组并关联】复选框。设置"项目数"参数为"3",并勾选【第二个】和【约束】复选框。最后在②轴线上单击任意位置确定基点,效果如图2-35所示。

图 2-35 指定阵列的基点

> 提高工作效率,节约时间,树立高质量可持续发展观

确定阵列基点后,向右拖动光标,当临时尺寸标注显示为"6000"时单击鼠标左键,即可完成标高的阵列操作,效果如图 2-36 所示。

模型有对称特性时,可以利用"镜像"工具创建对称图元。在【建筑】选项卡下,单击【工作平面】面板中的【参照平面】按钮,在绘图区④轴线右侧绘制一条垂直的参照平面线,单击临时尺寸标注,输入"3600",按 <Enter> 键后按两次 <Esc> 键退出"参照平面"绘制,如图 2-37 所示。框选①~④轴线,软件将切换至【修改|轴网】选项卡。单击【修改】面板中的【镜像-拾取轴】按钮,单击绘图区中的参照平面线作为对称轴,完成轴线的镜像,效果如图 2-38 所示。

图 2-36 阵列轴线

图 2-37 参照平面线绘制

图 2-38 轴线镜像绘制

Revit 会自动为每个轴网按生成的先后顺序编号，要修改轴网编号，可选择轴线后单击轴网编号，输入新值，然后按 <Enter> 键。编号不能重复，可借助过渡数值完成修改，效果如图 2-39 所示。

图 2-39　轴网编号修改

同样，按照相同的绘制方法，在绘图区域的适当位置绘制相应的水平轴线，然后双击轴线编号，修改轴线名称为"A"，效果如图 2-40 所示。

图 2-40　绘制水平轴线

按照上述绘制、复制、阵列的操作方法，由下至上创建 4 条水平轴线，并更改相应编号，效果如图 2-41 所示。

图 2-41　创建 4 条水平轴线

编号应合理，作图要严谨、细致，养成求真务实的学习习惯

任务实施2.2.3 编辑轴网

建筑设计图中轴网的显示效果可以改变。在 Revit 中,用户既可以通过轴网的【类型属性】对话框来统一设置轴网图形中的各种显示效果,也可以通过手动方式分别设置单个轴线的显示效果。

1. 批量编辑轴网

在完成上述绘制的基础上,切换绘图区域,显示为"楼层平面:F1"视图,选择②轴线,并在【属性】栏中单击【编辑类型】按钮,软件将打开【类型属性】对话框,如图 2-42 所示。用户不仅可以设置指定轴网图形中轴线的颜色、线宽及轴线中段的显示类型,还可以设置轴线末端的线宽、填充图案和颜色,也可以设置轴号端点显示与否。各参数选项的含义及作用如下:

1)符号:用于指定轴线端点的符号。该符号在编号中可以显示轴网号(轴网标头-圆),显示轴网号但不显示编号(轴网标头-无编号),无轴网编号或轴网号。

2)轴线中段:在该下拉列表中可以指定轴线中段的显示类型。用户可以选择"无""连续"或"自定义"选项。

3)轴线末段宽度:在该文本框中可以指定连续轴线的线宽,或者在"轴线中段"列表框为"无"或"自定义"选项时用来指定轴线末段的线宽。

4)轴线末段颜色:单击该色块,可以在打开的对话框中指定连续轴线的线条颜色,或者在"轴线中段"列表框为"无"或"自定义"选项时指定轴线末段的线条颜色。

图 2-42 【类型属性】对话框

5)轴线末段填充图案:在该列表框中可以指定连续轴线的线条样式,或者在"轴线中段"列表框为"无"或"自定义"选项时指定轴线末段的线条样式。

6)平面视图轴号端点 1(默认):启用该复选框,可以在平面视图的轴线起点处显示编号的默认设置。如果需要,可以通过启用或禁用该复选框来显示或隐藏视图中各轴线的编号。

7)平面视图轴号端点 2(默认):启用该复选框,可以在平面视图的轴线终点处显示编号的默认设置。如果需要,可以通过启用或禁用该复选框来显示或隐藏视图中各轴线的编号。

8)非平面视图符号(默认):在非平面视图的项目视图(如立面视图和剖面视图)中,可以在该列表框中设置轴线上编号显示的默认位置,有"顶""底""两者"(顶和底)或"无"选项。

2. 手动编辑轴网

在建筑设计图中,标高的手动设置同样适用于轴网。

依次打开"楼层平面:F1""楼层平面:F2"楼层平面视图,单击【视图】选项卡。在【窗口】面板中单击【平铺】命令,效果如图 2-43 所示。

图 2-43　平铺窗口

从图纸提取信息的过程中,要保持科学客观的态度

选中"楼层平面:F1"窗口中的①轴线并解锁,此时垂直向上拖动该轴线的上端点至某一位置,可以发现,在 3D 模式下,"楼层平面:F2"窗口中的①轴线也将同步移动到相同位置,效果如图 2-44 所示。

图 2-44　3D 模式下移动轴线端点

选中"楼层平面:F1"窗口中的②轴线并解锁,单击轴线旁边的【3D】图标,软件将切换至 2D 模式。此时向下移动"楼层平面:F1"窗口中②轴线的上端点至合适位置,可发现"楼层平面:F2"窗口中的②轴线的位置将保持不变,效果如图 2-45 所示。

另外,若将轴线的二维投影长度切换为实际的三维长度,则右击该轴线,并选择"重设为三维范围"选项即可。

在【注释】选项卡下,单击【尺寸标注】面板中的【对齐】按钮,在激活的【修改|放置尺寸标注】面板选项栏中,保持默认的"参照墙中心线"和默认的"单个参照点"选项。依次点选同一侧的轴线,然后在选完最后一个轴线后,调整标注显示位置,并在空白位置单击鼠标左键确定,完成标注,效果如图 2-46 所示。

图 2-45　2D 模式下移动轴线端点

图 2-46　轴线尺寸标注

过关练习 2 ——轴网

参照某小别墅的建筑施工图，采用绘制、复制、阵列的方法，绘制小别墅的轴网，并完成轴线间的尺寸标注。完成效果如图 2-47 所示。

图 2-47 某小别墅的轴网

任务 2.3　创建结构模型

任务发布

■ **任务描述：**

　　建筑结构是由基础、柱、梁、板、墙等基本构件组成的，这些基本构件相互连接、相互支承，构成能承受和传递各种作用的建筑物支承骨架，从而保证建筑物的安全和正常使用。本任务主要介绍建筑结构专业基础、柱、梁、板、墙等构件的创建方法。结构构件种类繁多，属性不一，老师在授课过程中需培养学生注意观察图纸、注重细节、精益求精的学习精神。

■ **任务目标：**

　　完成 1 号办公楼结构专业基础、柱、梁、板、墙等构件的创建。

任务实施 2.3.1　创建基础

基础是将结构所承受的各种作用传递到地基上的结构组成部分，它是主体结构的组成部分。在任务 2.1 和任务 2.2 中，已经建立了标高和轴网，基础的模型绘制必须在其之上进行。基础按构造形式来分，大致可分为条形基础、独立基础和筏板基础。在工程中，为了防止应力集中，保证基础均匀受力，一般还需设置基础垫层。

创建垫层

1. 创建基础垫层

在"项目浏览器"中单击【楼层平面】选项，双击【场地】，如图 2-48 所示，进入"场地"标高的视图。软件在绘图区会出现该标高处的所有轴网信息，如图 2-49 所示。

图 2-48　场地平面

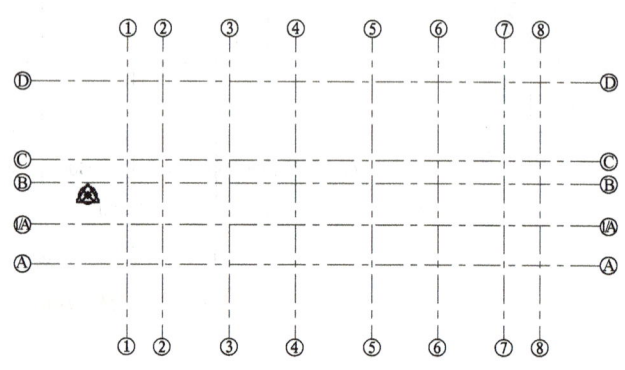

图 2-49　场地标高中的轴网

单击左上角【应用程序菜单】按钮，选择【选项】工具，打开【选项】对话框，在"图形"菜单栏的"颜色"面板中，勾选"反转背景色"，修改绘图区背景色为"黑色"，如图 2-50 所示。

图 2-50　修改绘图区背景色

在【插入】选项卡的【链接】面板中，单击【链接CAD】按钮，在【链接CAD格式】对话框中，选择"基础结构平面图"，勾选【仅当前视图】，设置"导入单位"为"毫米"，单击【打开】按钮，导入"基础结构平面图"，如图2-51所示。

在【修改】选项卡的【修改】面板中，单击【对齐】按钮，然后在绘图区先单击①轴线，再单击链接CAD格式中的①轴线。同理，单击绘图区中的Ⓐ轴线后再单击链接CAD格式中的Ⓐ轴线，完成图纸定位，如图2-52所示。

图2-51 【链接CAD格式】对话框

图2-52 链接CAD格式图纸定位

> **■ 小提示**
>
> 对齐命令选择对象的顺序应先为绘制的轴线，后为链接 CAD 格式中的轴线，顺序不能反。

在【结构】选项卡的【结构】面板中，单击【楼板】按钮，选择"楼板：结构"，如图 2-53 所示，此时的轴网线条颜色会变淡。在属性栏中，单击【编辑类型】，打开【类型属性】对话框，然后单击【复制】按钮，如图 2-54 所示，弹出【名称】对话框，如图 2-55 所示，将名称改为"混凝土垫层"，并单击【确定】按钮。

图 2-53 【楼板：结构】命令

图 2-54 【类型属性】对话框

返回到【类型属性】对话框，单击【类型参数】下的【编辑】按钮，弹出【编辑部件】对话框，进行垫层属性信息的修改，如图 2-56 所示，将"结构[1]"中对应的"厚度"值改为"100"，单击【确定】按钮，返回到【类型属性】对话框，再单击【确定】按钮。

图 2-55 【名称】对话框

图 2-56 【编辑部件】对话框

单击【绘制】选项卡下的【拾取线】命令，选项栏中的"偏移量"设置为"100"，如图 2-57 所示。

图 2-57 【拾取线】命令

在属性栏中，调整限制条件，"标高"设置为"F1"，"自标高的高度"设置为"-1800"，其他保持默认，如图 2-58 所示。对照图纸，拾取基础边界，绘制垫层的平面位置，最终使线条形成闭合状态（轮廓线必须是闭合的），如图 2-59 所示，绘制完成后，单击【模式】选项卡的【√】，即完成编辑模式。其他垫层可结合绘制、复制、阵列及镜像等工具完成。

图 2-58 基础垫层属性参数

图 2-59 闭合状态下的垫层

单击属性栏中"视图范围"的【编辑】按钮，打开【视图范围】对话框，设置"底"和"标高"的偏移量为"-2000"，如图 2-60 所示，调整视图范围，使完成的垫层可见。

在【视图】选项卡中，单击【创建】面板的【三维视图】命令，选择【默认三维视图】，可查看垫层的三维状态，三维状态下的垫层如图 2-61 所示。

2. 创建独立基础

要创建基础，如项目中没有对应的基础族，则需从外部载入。单击【结构】→【基础】→【独立】命令，此时弹出【询问是否载入基础族】对话框，单击【是】按钮，弹出【载入族】对话框，如图 2-62 所示，或者单击【插入】→【载入族】命令，如图 2-63 所示，弹出【载入族】对话框。依次选择"结构"→"基础"→"独立基础 - 坡形截面"，单击【打开】按钮，此时在"项目浏览器"的"族"中，将会新增"独立基础 - 坡形截面"族。

创建基础

图 2-60 调整视图范围

图 2-61 三维状态下的垫层

图 2-62 【载入族】对话框

图 2-63 【载入族】命令

再次单击【结构】→【基础】→【独立】命令,在属性栏中选择"独立基础 - 坡形截面"族。单击【编辑类型】,打开【类型属性】对话框,然后单击【复制】命令,弹出【名称】对话框,将名称改为"JC1",并单击【确定】按钮。返回到【类型属性】对话框,根据图 2-64 参数值所表示的含义(或单击【类型属性】对话框左下角的【预览】按钮,此时,会在【类型属性】对话框左侧弹出基础构件的三维视图窗口,可查阅各参数所代表的含义),参照基础详图尺寸,修改【类型参数】下的尺寸标注值,修改结果如图 2-65 所示,单击【确定】按钮完成编辑。最后在属性栏中设置"标高"为"F1","偏移量"为"–1300",单击①轴线和Ⓐ轴线交点位置处,放置独立基础 JC1,效果如图 2-66 所示。其他基础的创建和放置方式类似,不再赘述,效果如图 2-67 所示。

■ 小提示

限制条件的计算与设置,可借助对齐命令修正放置位置。

图 2-64 参数值

图 2-65 类型参数

图 2-66 独立基础 JC1

图 2-67 绘制基础

3. 创建条形基础

条形基础绘制前，应先绘制好墙体，墙体绘制方法可参考任务 3.1，绘制完成后单击【结构】→【基础】→【条形】命令，再选择墙体构件即可。条形基础的参数和属性编辑与独立基础一样，不再赘述。

4. 创建筏板基础

单击【结构】→【基础】→【板】→【结构基础：模板】命令，此时将加载【修改|创建楼层边界】选项卡，且轴网线条颜色变淡，绘制和属性编辑方法与基础垫层相同，不再赘述。

任务实施 2.3.2　创建柱子

创建柱子

1. 创建垂直结构柱

1）单击【建筑】选项卡→【构建】面板→【柱】下拉箭头，在下拉列表中选择"结构柱",或者在【结构】选项卡下,单击【结构】面板中的【柱】,在激活的【修改】选项卡的【放置】面板中选择"垂直柱"。

2)从属性栏中的【类型选择器】下拉列表中,选择所需要的结构柱类型。若无所需规格则单击【编辑类型】按钮,打开【编辑类型】对话框,编辑柱子属性,修改长度、宽度等参数尺寸。如列表中没有需要的类型,则通过载入族的方法载入所需要的结构柱族。然后单击属性栏中的【编辑类型】按钮,在弹出的对话框中单击【复制】按钮,将复制的新结构柱命名为所需要绘制的柱的名称,并修改其尺寸和结构材质。

3)在选项栏上指定柱的下列属性内容。

① 放置后旋转:选择此选项可以在放置柱后立即将其旋转。

② 底部标高:为柱的底部选择标高(仅在三维视图放置柱时需选择底部标高;当在平面视图中放置时,该视图的标高即为柱的底部标高,因此不会出现此选项)。

③ 深度/高度:从柱的顶部向下绘制时,选择"深度";要从柱的底部向上绘制时,则选择"高度"。

④ 标高/未连接:选择柱的顶部标高;或者选择"未连接",然后在后面的输入框中输入柱的高度。

4)在对应的位置单击鼠标左键以放置柱。

放置时可以捕捉现有几何图形上的点。当柱放置在轴网交点时,两组网格线将亮显。

放置柱时,使用空格键可更改柱的方向。每次按空格键时,柱将发生旋转,以便与选定位置的相交轴网对齐。在不存在任何轴网的情况下,按空格键时会使柱旋转90°。

2. 创建倾斜结构柱

1)单击【建筑】选项卡【构建】面板中【柱】的下拉箭头,在下拉列表中选择"结构柱",或者单击【结构】选项卡【结构】面板中的【柱】命令,激活【修改】选项卡→【放置】面板→【斜柱】命令。

2)从属性栏中的【类型选择器】下拉列表中,选择所需要的结构柱类型。若无所需规格则单击【编辑类型】按钮,打开【编辑类型】对话框,编辑柱子属性,修改长度、宽度等参数尺寸。如列表中没有需要的类型,则通过载入族的方法载入所需要的结构柱族。然后单击属性栏中的【编辑类型】按钮,在弹出的对话框中单击【复制】按钮,将复制的新结构柱命名为所需要绘制的柱的名称,并修改其尺寸和结构材质。

3)在选项栏上指定柱的下列属性内容。

第一次单击(仅平面视图放置时有此选项):选择柱起点所在的标高,并在文本框中指定柱端点自所选标高的偏移,即指定斜柱的底标高。

第二次单击(仅平面视图放置时有此选项):选择柱端点所在的标高,并在文本框中指定柱端点自所选标高的偏移,即指定斜柱的顶标高。

三维捕捉:如果希望柱的起点和终点之一或二者都捕捉到之前放置的结构图元,则可勾选【三维捕捉】按钮。如果在剖面、立面或三维视图中放置,是比较准确的放置方法。

4)在平面区域中单击鼠标左键,以指定斜柱的起点。

5)再次单击鼠标左键,以指定斜柱的终点。

3. 创建建筑柱

1)单击【建筑】选项卡→【构建】面板→【柱】下拉箭头,在下拉列表中选择"柱:

建筑"。

2）从【类型选择器】中选择适合尺寸规格的建筑柱。若无所需规格则单击【编辑类型】按钮，打开【编辑类型】对话框，编辑柱子属性，修改长度、宽度等参数尺寸。如无所需的柱子类型，则单击【插入】选项卡，选择【从库中载入】面板下的【载入族】命令，打开相应族库载入族文件。

3）单击插入点插入柱子。

4）建筑柱编辑与结构柱相似，柱的实例属性可以调整基准、顶标高、顶部和底部偏移，是否随轴网移动，此柱是否设为房间边界等。单击【编辑类型】按钮，在类型属性中设置柱子的粗略比例填充样式、材质、长度、宽度以及偏移基准、偏移顶部等。

■ 小提示

建筑柱的属性与墙体相同，修改粗略比例填充样式只能影响没有与墙相交的建筑柱。

建议：建筑柱适用于砖混结构中的墙垛、墙上突出结构等。

4. 实操创建柱子

柱子的创建方法可分层绘制或从底至顶一次绘制。有时需要引入阶段的概念，让建筑构件分属于不同的创建阶段，以便进行四维施工模拟或分阶段统计工程量，因此可把柱子分层绘制，并使每一层的柱子分属于不同的阶段。一般情况下是从底至顶一次绘制完成柱子。在绘制柱子时，直接设置柱子的底标高及顶标高即可。

在"项目浏览器"中，双击【F1】，切换视图为"楼层平面：F1"，效果如图 2-68 所示，将"柱子结构平面图"CAD 图纸链接插入视图，并对位。

图 2-68 "楼层平面：F1"视图

单击【插入】→【从库中载入】→【载入族】命令，弹出【载入族】对话框。依次选择【结构】→【柱】→【混凝土】→【混凝土-矩形-柱】，单击【打开】按钮，此时在"项目浏览器"的"族"中，将会新增"混凝土 - 矩形 - 柱"族。

单击【建筑】选项卡【构建】面板中【柱】的下拉箭头，在下拉列表中选择"结构柱"，或者单击【结构】选项卡【结构】面板中的【柱】命令，在激活的【修改】选项卡【放置】面板中选择"垂直柱"。

从属性栏中的【类型选择器】下拉列表中，选择"混凝土 - 矩形 - 柱"的结构柱类型。单击属性栏中的【编辑类型】按钮，在弹出的对话框中单击【复制】按钮，将复制的新结构柱命名为"KZ1"，并将尺寸标注下的"h"和"b"的数值均改为"500"，单击【确定】按钮。

单击属性栏中【结构材质】后输入框中的 ，在弹出的【材质浏览器】中单击【新建材质】按钮，如图 2-69 所示，并在新建的材质上单击鼠标右键，选择"重命名"，将材质名称改为"C30 现浇混凝土"。

图 2-69　创建结构材质

如图 2-70 所示，选择新建的材质，单击【打开 / 关闭资源浏览器】按钮，在打开的【资源浏览器】搜索框内输入"混凝土"，在搜索的结果列表中找到【混凝土 - 现场浇注混凝土】并双击，即将该材质的外观属性给了新建的"C30 现浇混凝土"材质。最后单击【确定】按钮，完成结构柱混凝土强度等级的设置。

在选项栏上指定柱的相关属性内容，如图 2-71 所示，不勾选【放置后旋转】按钮；【深度 / 高度】处选择"高度"；【标高 / 未连接】下拉列表中选择标高为"F2"。

图2-70 【资源浏览器】对话框

图2-71 柱选项栏设置

在Ⓐ轴与①轴交点处单击以放置柱子。另外，柱子KZ1下基础顶部的标高为"−1300"，因此，需选中柱KZ1，在属性栏中将"底部偏移"值修改为"−1300"，效果如图2-72所示。

在"项目浏览器"中，双击【F2】，切换视图为"楼层平面：F2"，单击【建筑】选项卡【构建】面板中【柱】的下拉箭头，在下拉列表中选择"结构柱"，或者单击【结构】选项卡【结构】面板中的【柱】，在激活的【修改】选项卡【放置】面板中选择"垂直柱"。从属性栏中的【类型选择器】下拉列表中，选择"混凝土 - 矩形 - 柱 KZ1"的结构柱类型。设置选项栏参数，不勾选【放置后旋转】；【深度/高度】处选择"高度"；【标高/未连接】下拉列表中选择标高为"屋顶"。单击Ⓐ轴与①轴交点，按两次 <Esc> 键，完成上部3.8~14.4m位置的柱子放置，如图2-73所示。

定位要准确，培养专注、严谨的工匠精神

图 2-72　放置底部柱子　　　　　　　　　图 2-73　放置顶部柱子

在"项目浏览器"中，双击【F1】，切换视图为"楼层平面：F1"，单击【建筑】选项卡【构建】面板中【柱】的下拉箭头，在下拉列表中选择"结构柱"，或者单击【结构】选项卡【结构】面板中的【柱】命令，在激活的【修改】选项卡【放置】面板中选择"垂直柱"。从属性栏中的【类型选择器】下拉列表中，选择"混凝土 - 矩形 - 柱 KZ1"的结构柱类型。然后单击属性栏中的【编辑类型】按钮，在弹出的对话框中单击【复制】按钮，将复制的新结构柱命名为"KZ4"，并修改其尺寸和结构材质，选项栏参数设置与KZ1相同。单击【多个】面板中的【在轴网处】按钮，如图2-74所示，选中【标记】面板中的【在放置时进行标记】命令，如图2-75所示。长按 <Ctrl> 键点选①~⑦轴线和Ⓑ、Ⓒ轴线，单击【多个】面板中的【完成】按钮，被选中轴线的交点处将全部生成柱子，效果如图2-76所示。

图 2-74　在轴网处放置柱

图 2-75 【在放置时进行标记】命令

图 2-76 轴线的交点处生成柱子

点选生成的柱子中的任意一根柱子,单击鼠标右键,在弹出的菜单中单击【选择全部实例】下的子项【在整个项目中】按钮,即选中了创建的柱子中的所有的 KZ4 柱子,在属性栏中将"底部偏移"值修改为"-1200",完成底部柱子与基础的连接。

其他部位结构柱的创建方法与此相同,对于同一楼层统一名称的柱,也可采用"复制""阵列""镜像"等工具批量将已绘制的同名称实例放置到相应位置。当结构柱放置位置有偏差时,可采用"对齐"或"移动"命令进行调整。

柱子可以附着于屋顶楼板或参照平面。选取柱子,自动激活【修改|结构柱】选项卡,如图 2-77 所示。单击【修改柱】面板上的【附着】命令后,在选项栏中可以设置附着样式的参数,如图 2-78 所示。最终,结构柱绘制的三维视图如图 2-79 所示。

图 2-77 【修改|结构柱】选项卡

图 2-78 柱的附着设置

图 2-79 结构柱三维视图

任务实施 2.3.3 创建梁

根据项目需要，有些时候人们需要创建梁和梁系统，如对楼层净高产生影响的大梁等。一般可以在剖面图上通过二维填充命令来绘制梁剖面。

在项目中，是否一定要创建梁和梁系统呢？事实上，在应用 Revit 进行项目设计时，最好的工作模式是建筑、结构、水、暖、电各专业进行协同设计，由结构专业创建的梁、板、柱等结构构件，建筑专业可直接调用。如果只用于建筑专业设计的话，柱子的创建是必需的，主梁、次梁的创建则是根据项目需求而定。没有特殊要求的项目一般不创建梁和梁系统的模型，只在剖面图上用详图工具绘制出梁的断面表达即可。

创建梁

1. 创建结构梁

（1）常规梁

单击【结构】选项卡【结构】面板下的【梁】命令，从【类型选择器】的下拉列表中选择需要的梁类型，若无所需类型则从库中载入。在选项栏上选择梁的放置平面，从【结构用途】下拉列表中选择梁的结构用途或让其处于自动状态，结构用途参数可包括在结构框架明细表中，这样便能计算大梁、托梁檩条和水平支撑的数量。使用【三维捕捉】选项，通过捕捉任何视图中的其他结构图元，可以创建新梁。这表示可以在当前工作平面之外绘制梁和支撑。例如，在启用了三维捕捉之后，不论高程如何，屋顶梁都将捕捉到柱的顶部。要绘制多段连接的梁，请选择选项栏中的【链】，如图 2-80 所示。单击起点和终点来绘制梁时，光标会捕捉其他结构构件；也可使用【轴网】命令，拾取轴网线或框选、交叉框选轴网线，单击【完成】按钮，系统自动在柱、结构墙和其他梁之间放置梁。

点选绘制的梁，端点位置会出现操纵柄，可通过光标拖曳调整其端点位置。

图 2-80 绘制梁

■ 小提示

由于软件默认的详细程度为"粗略",绘制的梁、梁系统、结构支撑显示为单线,将视图栏的"详细程度"改为"精确",梁构件就会显示空间几何形状,如图 2-81 所示。

图 2-81 视图栏的【详细程度】命令图标

（2）梁系统

BIM 的结构梁系统可创建多个平行的等距梁,这些梁可以根据设计中的修改进行参数化调整,如图 2-82 所示。

图 2-82 【修改|创建梁系统边界】选项卡

打开一个平面视图,单击【结构】选项卡【结构】面板下【梁】命令的下拉列表,选择【梁系统】命令,进入定义梁系统边界草图模式。单击【绘制】中【边界线】的【拾取线】或【拾取支座】命令,拾取结构梁或结构墙,并锁定其位置,形成封闭的轮廓作为结构梁系统的边界;也可以用【线】命令,绘制或拾取线条作为结构梁系统的边界。若在梁系统中剪切一个洞口,则用【线】命令在边界内绘制封闭洞口轮廓。绘制完边界后,可以用【梁方向】命令选择某边界线作为新的梁方向（在默认情况下,拾取的第一个支撑或绘制的第一条边界线为梁方向）,如图 2-83 所示。

单击【梁系统属性】打开【属性】对话框,设置此梁系统在立面的偏移值,是否在编辑时在三维视图中显示该构件;设置其布局规则,按设置的规则确定相应数值、梁的对齐方式并选择梁的类型,如图 2-84 所示。

图 2-83　梁方向

图 2-84　梁类型设置

（3）结构支撑

在平面视图或框架立面视图中添加支撑时，支撑会将其自身附着于梁和柱，并根据建筑设计中的修改进行参数化调整。打开一个框架立面视图或平面视图，单击【结构】选项卡【结构】面板下的【支撑】命令。从【类型选择器】的下拉列表中选择需要的支撑类型，如无所需类型则从库中载入。拾取放置的起点、终点位置，放置支撑。

2. 实操创建梁

在"项目浏览器"中，双击【F2】，切换视图为"楼层平面：F2"，将"一三层顶梁"CAD 图纸链接插入视图，并对位。

单击【插入】→【从库中载入】→【载入族】命令，弹出【载入族】对话框。依次选择【结构】→【框架】→【混凝土】→【混凝土 - 矩形梁】，单击【打开】按钮，此时在"项目浏览器"的"族"中，将会新增"混凝土 - 矩形梁"族。

单击【结构】选项卡【结构】面板中的【梁】，从属性栏中的【类型选择器】下拉列表中，选择"混凝土 - 矩形梁"。单击属性栏中的【编辑类型】按钮，在弹出的对话框中单击【复制】按钮，将复制的新结构梁命名为"KL5"，并将尺寸标注下的"b"和"h"的数值改为"300"和"500"，单击【确定】按钮。选项栏参数设置：【放置平面】为"标高：F2"，【结构用途】为"自动"，不勾选【三维捕捉】和【链】，如图 2-85 所示。

图 2-85　绘制梁

单击①轴与Ⓒ轴的交点，确定梁的起点，再单击④轴与Ⓒ轴的交点，确定梁的终点，完成 KL5 梁的绘制，按两次 <Esc> 键，结束绘制。在属性栏中，调整【视图范围】对话框中"底"和"标高"偏移量为"−500"，如图 2-86 所示。或者在属性栏中，设置"基线"为当前视图下方的标高，即"F1"，如图 2-87 所示，使梁在视图中可见。然后采用【对齐】或【移动】命令进行位置的调整，效果如图 2-88 所示。

图 2-86　调整视图范围

图 2-87　调整基线

图 2-88　KL5 绘制

其他部位结构柱的创建方法与此相同，不再赘述。绘制完一层梁的三维视图如图 2-89 所示。

图 2-89　一层梁三维视图

如果梁构件为弧形时，可采用绘图面板中的"拾取线"工具，如图 2-90 所示，点选链接 CAD 图纸中的梁弧线，完成弧形梁的创建。在"楼层平面：F2"视图中，鼠标右键框选所有图元，单击右上角【选择】面板的【过滤器】按钮，只勾选结构框架，单击【确定】按钮，如图 2-91 所示，选中"楼层平面：F2"视图中的全部梁，单击【剪贴板】面板上的【复制到剪贴板】按钮，如图 2-92 所示，此时激活了【粘贴】命令，单击【粘贴】下拉菜单，选择"与选定的标高对齐"。在弹出的对话框中，长按 <Shift> 键，框选"F3""F4""屋顶"，如图 2-93 所示，单击【确定】按钮，将"楼层平面：F2"视图中绘制的梁复制到"F3""F4""屋顶"视图平面中。然后根据 CAD 图纸，将有差异的地方进行修改，完成所有梁构件的绘制，如图 2-94 所示。

图 2-90　"拾取线"工具

图 2-91 【过滤器】筛选图元

图 2-92 【剪贴板】面板

图 2-93 复制结构梁

任务实施 2.3.4 创建结构板

创建结构板

在"项目浏览器"中,双击【F2】,切换视图为"楼层平面:F2"。单击【视图】选项中的【可见性/图形】按钮。在弹出的对话框中单击【导入的类别】按钮,将列表中已导入视图的图纸前的"√"去掉,如图2-95所示,单击【确定】按钮。此操作可隐藏导入的墙、柱和梁的图纸,只显示板,从而避免操作过程中因显示的图纸过多而带来的干扰。然后将"一三层顶板"CAD图纸链接插入视图,并对位。

图 2-94　梁、柱效果图

图 2-95　设置导入图纸的可见性

楼板需无缝对接，作图过程要求精益求精

　　单击【建筑】选项卡【构建】面板中的【楼板】下拉列表，选择"楼板：结构"；或者单击【结构】选项卡【结构】面板中的【楼板】下拉列表，选择"楼板：结构"。

　　在属性栏的【类型选择器】中选择"常规 -150mm"，单击【编辑类型】按钮，在弹出的对话框中单击【复制】按钮，将名称改为"一层 C30 混凝土顶板 -120mm"，单击【确定】按钮。单击【结构】后方的【编辑】按钮，在弹出的对话框中，将核心层的"厚度"改为"120"，并设置"材质"为"C30 现浇混凝土"，依次单击【确定】按钮退出【编辑类型】对话框。将属性栏中的"标高"设置为"F2","自标高的高度偏移值"输入"0",如图 2-96 所示。

在【修改】选项卡【绘制】面板中选择"直线""矩形"或"拾取线"绘制板的边界轮廓,当用"拾取线"绘制时,需配合【修剪/延伸为角】命令将边界修剪成封闭的多边形,如图 2-97 所示。单击【修改】选项卡【模式】面板中的【√】按钮,完成板的创建,效果如图 2-98 所示。

图 2-96 设置楼板属性

图 2-97 绘制板边界线

■ 小提示

板封闭的边界线一般为梁、墙等构件的内轮廓线。如果板中有洞,则可在编辑状态的封闭边界线内再绘制封闭的线,实现板上开洞。

模块二　结构专业建模

图 2-98　完成板的创建

板与梁、柱构件连接位置的体积重叠区域，系统默认删除了梁和柱的体积，保留了板的体积，如图 2-99 所示。在【修改】选项卡的【几何图形】面板上，单击【连接】下拉菜单，选中【切换连接顺序】命令，如图 2-100 所示。依次点选板、梁或柱，以切换板与梁、柱连接顺序，删除连接部位重叠的板，保证梁与柱的完整性，按两次 <Esc> 键退出。

图 2-99　连接位置默认设置情况

图 2-100　构件连接设置

以上内容是针对各房间楼板的厚度和标高均相等的情况，如果出现同一标高楼层的局部楼板厚度不相等，或者存在局部标高不相等的情况，如楼层中有下沉式卫生间楼板，则楼板就需要沿梁的内边线逐间拾取或者绘制完成轮廓线后生成。本任务所用图纸也是此情况，在图纸中给出了"图中未注明板顶标高同结构楼层标高，除标注外板厚均为120mm"的说明，即图纸中没有原位标注的板厚均为120mm，局部标注了板厚的板有160mm、130mm等厚度，如图2-101所示。

图2-101 案例图纸楼板参数

制图过程中可以先删除刚才绘制的楼板，按照一个房间一块楼板的形式重新绘制，如图2-102所示；也可以重新沿梁的外边线生成轮廓线，进而生成整层的120mm厚楼板，如图2-103所示。然后双击楼板，进入【编辑边界】界面；或者选中要编辑的楼板，在功能区【修改|楼板】选项卡中，单击【模式】面板下的【编辑边界】，进入楼板边界编辑状态，然后保持原楼板边界轮廓线不变，只将不同部位的楼板用绘制工具将其封闭边界绘制出来。然后单击【修改】选项卡【模式】面板中的【√】按钮，完成局部楼板的删除，如图2-104所示。最后，在此基础上，在删除的部位重新绘制新属性的楼板，如图2-105所示。

h=120mm

h=160mm

h=130mm

图2-102 逐个绘制房间楼板

图 2-103　沿梁的外边线生成整层楼板（120mm 厚）

图 2-104　编辑并删除楼板厚度不同的局部

 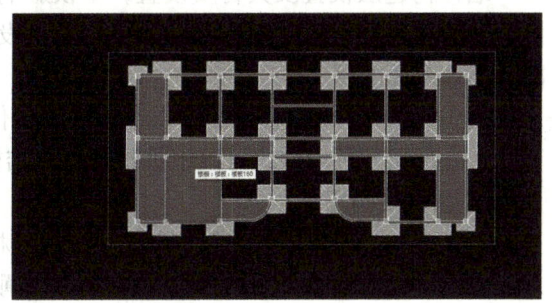

图 2-105　补绘局部楼板

其他楼层的楼板创建方法与此相同，不再赘述。当然也可以选择所绘制的楼板，采用【修改】选项卡下的【剪贴板】命令，将楼板复制到其他楼层，然后切换到对应楼层视图中，直接双击楼板，或者选中该楼层的楼板，单击【模式】面板下的【编辑边界】命令，如图 2-106 所示，进入楼板边界编辑状态，将有差异的地方进行修改。如果在视图中单击选不中楼板，可在软件右下角的选择选项栏中，打开【按面选择图元】按钮，如图 2-107 所示。最终，结构楼板三维视图如图 2-108 所示。

图 2-106　【编辑边界】命令

按实际需要设置参数，培养严谨、细致、求真务实的学习习惯

图 2-107 选择选项栏　　　　　　　图 2-108 结构楼板三维视图

任务实施 2.3.5 创建结构墙

Revit 中的墙体是非常重要的内容，它不仅是建筑空间的分隔主体，也是门窗、墙体与分割线、卫浴灯具等的承载主体，在结构中更是主要受力构件。

墙体构造层设置及其材质设置，不仅影响着墙体在三维、透视和立面视图中的外观表现，更直接影响着后期施工图设计中墙体大样、节点详图等视图中墙体截面的显示。

创建结构墙

墙也是 Revit 中比较灵活、复杂的建筑构件。在 Revit 中，墙体属于系统族，有基本墙、幕墙、叠层墙三种墙族，可以根据指定的墙结构参数定义生成三维墙体模型。

1. 创建结构墙体

在 Revit 中，结构墙和建筑墙的创建方法相似，建筑墙的详细创建方法，将在本书任务 3.1 中作具体解述。因此，本任务实施只简单阐述创建结构墙的一般方法，即先定义好墙体的类型、墙厚、做法、材质、功能等，再指定墙体的平面位置、高度等参数，具体步骤如下。

1）打开某楼层平面视图或三维视图。

2）单击【结构】选项卡【结构】面板中【墙】下拉列表，选择"墙：结构"。

3）如果要放置的墙类型与【类型选择器】中显示的墙类型不同，则从【墙】下拉列表中选择需要的墙类型。可以对属性栏中墙的一些实例属性进行修改，然后开始绘制墙。

4）在图 2-109 所示墙选项栏中设置下列参数。

图 2-109 墙选项栏

① 标高：仅在三维视图中创建墙时有此选项。选择墙的底部标高，此标高可以选择为非楼层标高。

② 深度/高度：若当前楼层标高为墙的顶部标高，要向下创建墙体，则此处选择"深度"；若当前楼层标高为墙的底部标高，要向上创建墙体，则此处选择"高度"。

③ 标高/未连接：在下拉列表中直接选择一个标高作为墙的标高以确定墙高；或者选择"未连接"，并在后面的输入框中输入墙的高度。

④ 定位线：选择在绘制时要将墙的哪个面与由光标绘制的线对齐，或要将哪个面与将在绘图区域中选定的线或面对齐。

⑤ 链：勾选此选项，可以绘制一系列连续相连的墙。

⑥ 偏移量：输入一个距离，以指定墙的定位线与光标位置或选定的线或面之间的偏移。

5）在【绘制】面板中，选择一个绘制工具绘制墙。

绘制墙时使用默认的"线"工具可通过在图形中指定起点和终点来放置直墙分段；或者可以指定起点，沿所需方向移动光标，然后输入墙长度值。使用【绘制】面板中的其他工具，可以绘制矩形布局、多边形布局、圆形布局和弧形布局。使用任何一种工具绘制墙时，可以按空格键相对于墙的定位线翻转墙的内部、外部方向。

拾取线生成墙：使用"拾取线"工具可以沿图形中选定的线来放置墙分段。线可以是模型线、参照平面或图元（如屋顶、幕墙嵌板和其他墙）边缘。

拾取面生成墙：使用"拾取面"工具可以拾取体量面或常规模型面生成墙。

6）绘制完后，按两次 <Esc> 键退出绘制状态。

2. 添加墙饰条

使用"饰条"工具可以向墙中添加踢脚板、冠顶饰或其他类型的装饰。要给已经绘制上去的某个墙构件单独添加饰条，其具体步骤如下。

1）打开一个三维视图或立面视图，其中包含要添加墙饰条的墙。

2）单击【结构】选项卡【结构】面板中的【墙】下拉列表，在列表中选择"墙：饰条"。

3）在【类型选择器】中，选择所需的墙饰条类型。

4）在【修改】选项卡【放置】面板中选择墙饰条的方向："水平"或"垂直"。

5）将光标放在墙上以高亮显示墙饰条位置，单击鼠标左键以放置墙饰条。如果需要，可以为相邻墙体添加墙饰条。Revit 会在各相邻墙体上预选墙饰条的位置。如果是在三维视图中，则可通过使用 View Cube 旋转该视图，为所有外墙添加墙饰条。

6）要在不同的位置放置墙饰条，则单击【修改】选项卡【放置】面板中的【重新放置墙饰条】命令，将光标移到墙上所需的位置，单击鼠标左键以放置墙饰条。

7）完成墙饰条的放置后，按 <Esc> 键退出即可。

3. 添加类型墙饰条

除给实例墙体添加墙饰条外，还可以给某一类型的墙统一添加饰条，其具体步骤如下。

1）单击【结构】选项卡【结构】面板中的【墙】命令。在属性栏下拉列表中选择需要添加饰条的类型墙，单击【编辑类型】按钮，在弹出的对话框中单击【结构】参数一栏的【编辑】按钮。

2）在【编辑部件】对话框中单击左下角的【预览】按钮，打开预览窗格，在窗格左下角视图下拉列表中选择"剖面：修改类型属性"，这时激活了修改垂直结构功能，如图 2-110 所示。单击【墙饰条】按钮，在弹出的对话框中单击【载入轮廓】或【添加】以添加一个新的轮廓，即可在墙上生成墙饰条，如图 2-111 所示。

图 2-110 【编辑部件】对话框

图 2-111 【墙饰条】对话框

3）修改轮廓属性信息，单击【确定】按钮即可。

4. 添加分割缝

添加分割缝的方法与添加墙饰条的方法一致，不再赘述。

5. 自定义轮廓族

墙饰条、分割缝及室内外的装饰线脚等的断面轮廓，都会用到轮廓族，用户可以自定义轮廓族。系统提供了多个轮廓族的样板文件：公制轮廓 - 分割缝、公制轮廓 - 扶手、公制轮廓 - 楼梯前缘、公制轮廓 - 竖梃、公制轮廓 - 主体。

自定义轮廓族的具体步骤为：单击【应用程序菜单】→【新建】→【族】→选择"公制轮廓→分割缝 .rft"→单击【打开】→绘制需要的轮廓。

分割缝与墙饰条的原理刚好相反，但可以用相同的轮廓，载入后会在墙上挖一条"缝"。同时，如果本轮廓用于墙饰条，则会按此轮廓生成饰条。

6. 自定义叠层墙

叠层墙是 Revit 提供的一种特殊的墙体类型，它由几种基本墙类型在高度方向上叠加而成，适用于同一面墙上有不同的厚度、材质、构造时的情况。定义叠层墙的具体步骤如下。

1）在"项目浏览器"中选择"族"→"墙"→"叠层墙"，在某个叠层墙类型上单击鼠标右键，然后单击【属性】按钮，打开墙的类型属性。或者如果已将叠层墙放置在项目中，则在绘图区域中选择它，然后在属性栏中单击【编辑类型】按钮。

2）在【类型属性】对话框中，单击【预览】按钮打开预览窗格，用以显示选定墙类型的剖面视图。对墙所做的所有修改都会显示在预览窗格中，如图 2-112 所示。

图 2-112　叠层墙【类型属性】对话框

3）单击【结构】参数对应的【编辑】按钮，可以打开【编辑部件】对话框。"类型"表中的每一行定义叠层墙内的一个子墙，如图 2-113 所示。

图 2-113　叠层墙【编辑部件】对话框

4）选择将用来对齐子墙的平面作为偏移值（该值将用于每面子墙的"定位线"实例属性）。

5）指定预览窗格中墙的高度作为样本高度。如果所插入子墙的无连接高度大于样本高度，则该值将改变。

6）在"类型"表中，单击左列中的编号以选择定义子墙的行。单击【插入】按钮添加新的子墙。在"名称"列中，单击其名称，选择所需的子墙类型。在"高度"列中，指定子墙的无连接高度。

■ 注 意

一个子墙必须有一个相对于其他子墙高度可变且不可编辑的高度。要修改可变子墙的高度，可通过选择其他子墙的行并单击【可变】按钮，将其他子墙修改为可变的墙。

7）在"偏移"列中，指定子墙的定位线与主墙的参照线之间的偏移距离（偏移量）。正值会使子墙向主墙外侧（预览窗格左侧）移动。

8）如果子墙在顶部或底部未锁定，可以在"顶"或"底部"列中输入正值来指定一个可提高墙高度的数值，或者输入负值来降低墙的高度。这些值分别决定着子墙的"顶部延伸距离"和"底部延伸距离"实例属性。如果为某一子墙指定了延伸距离，则它下面的子墙将附着到该子墙。

9）要沿主叠层墙的参照线（偏移）翻转子墙，则选择"翻转"。要重新排列行，则选择某一行并单击【向上】或【向下】按钮。要删除子墙类型，则选择相应的行并单击【删除】按钮。如果删除了具有明确高度的子墙，则可变子墙将延伸到其他子墙的高度。如果删除了可变子墙，则它上面的子墙将成为可变子墙。如果只有一个子墙，则无法删除它。

10）单击【确定】按钮，完成叠层墙的编辑。

过关练习3 ——结构专业建模

参照某小别墅的结构施工图，完成案例模型垫层、基础、柱、梁、板构件的绘制，并赋予构件材质属性，基础、柱、梁、板均为C30现浇混凝土，基础垫层为C15现浇混凝土，完成效果如图2-114所示。

图2-114 某小别墅结构专业模型

延伸阅读与分享

BIM 技术应用于中国尊（北京中信大厦）项目

（一）案例简介

北京中央商务区核心区的标志性超高层建筑项目——中国尊，工程位于北京市朝阳区中央商务区核心区 Z15 地块，建筑面积约 43.7 万 m^2。主要建筑功能为办公、观光和商业。该楼地上 108 层，地下 7 层（局部设夹层），建筑高度 528m，外轮廓尺寸从底部的 78m×78m 向上渐收紧至 54m×54m，再向上渐放大至顶部的 59m×59m，似古代酒器"樽"而得名。

多领域、多层次、多工种的背景下，团队协作能力至关重要

中国尊项目采用了全生命周期的 BIM 技术，基于设计阶段全面介入、施工阶段深度应用、运维阶段增值创效的理念，减少了规划、设计、建造、运营等各个环节之间的沟通障碍，提高了效率、节约了成本、减少了拆改。

BIM 技术在中国尊项目中的应用主要体现在以下几个方面：

1. BIM 与结构设计

中国尊呈中部明显收腰的造型，这种处理方式对建筑的结构体系产生了重要影响，为了能够对结构体系和结构构件进行精确的描述，通过 BIM 技术为中国尊量身定制了几何控制系统。几何控制系统控制了整个结构体系的造型需求，同时也对建筑幕墙及其他维护体系进行了精确描述。几何控制系统是从最初的建筑造型原型中抽离出典型控制截面，然后以这些截面为放样路径，将经过精确描述的几何空间弧线进行放样，由此产生基础控制面；再以基础控制面为基准，分别控制斜撑、腰桁架、组合楼面等结构构件，进而产生整个结构体系。上述过程是在建筑师和结构工程师的密切配合下进行的，充分满足了建筑的造型需求，同时也满足了结构安全所需要的全部条件，为中国尊项目的设计与建设提供了重要的技术保障。

2. BIM 与机电设计

在设计单位提供的机电模型的基础上进行深化设计，利用 BIM 可视化的优势，在三维环境中对机电的不同系统展开综合排布。深化设计过程中，机电专业人员制作了大量的 BIM 构件。构件按导则要求统一命名，并根据模型信息详表将信息完整导入模型，在实现机电设备合理排布的基础上，为未来的智慧运维提供数据基础。

同时，对原设计文件中的水泵布置凌乱、水泵支管不整齐、检修空间不合理等问题进行优化。水泵房内管道经过方案优化后，将现场焊接方式调整为工厂预制化加工、现场组装的施工方案，减少了现场焊接导致的漏水、误差等问题的出现。

（二）案例点评

本案例体现了 BIM 技术在复杂工程中的巨大作用。通过本案例的讲解，认识到 BIM 技术的重要性及强大性，因此，学好 BIM 技术以及相关专业知识很重要。

模块三　建筑专业建模

■ **知识目标：**
1. 了解建筑专业的建模流程；
2. 掌握墙、门窗、楼板、屋顶、楼梯、坡道、栏杆、扶手、洞口、家具等构件的设计及绘制方法。

■ **能力目标：**
1. 能够完成建筑专业各构件的设计；
2. 能够完成建筑专业各构件模型的创建。

■ **素养目标：**
1. 培养精打细算、安全第一、勇于创新的优良品质；
2. 培养严谨细致、求真务实的学习习惯和科学的工作态度，打造工匠精神；
3. 培养大局观念，站在整个大局的高度去认识问题、分析问题和解决问题。

任务 3.1　创建墙体与幕墙

任务发布

■ **任务描述：**
　　墙体是建筑空间的分隔主体，也是门窗等设备模型的承受主体。墙体是建筑物的重要组成部分，有围护和分割空间的作用。本任务主要介绍基本墙、叠层墙和幕墙的创建方法及编辑方法。通过绘制内外墙，掌握墙体的设计方法，设计时在满足安全性的基础上需考虑经济、空间、适用的需求，老师在授课过程中需培养学生严谨细致、求真务实的学习习惯和科学的工作态度，打造工匠精神。

■ **任务目标：**

完成1号办公楼墙体与幕墙的绘制与编辑。

知识准备 3.1.1 墙体概念

墙体按所处位置可以分为外墙和内墙，按布置方向又可分为纵墙和横墙。此外，按照墙体复杂程度，墙又可以分为基本墙和叠层墙。

墙体概念

在 Revit 中，墙部件有两个特殊的功能层，分别是核心结构和核心边界，主要用于界定墙的核心结构与非核心结构。其中，核心边界之间的功能层是核心结构，它是墙存在的主要条件；核心边界之外的功能层是非核心结构，如装饰层、保温层等辅助结构。以砖墙为例，墙的核心部分是"砖"结构层，而抹灰、防水、保温等部分功能层依附于砖结构而存在，是"砖"结构层之外的辅助结构，即非核心结构。

启动 Revit，接上个模块的练习，打开保存的文件，打开平面视图"F1"。单击【建筑】选项卡，在【构建】面板上单击【墙】命令，单击【类型选择器】，如图 3-1 所示。软件会自动显示 3 种类型的系统墙族，即基本墙、叠层墙及幕墙。然后选择"基本墙"→"常规 -200mm"选项，并单击【编辑类型】按钮，Revit 软件将打开【类型属性】对话框，如图 3-2 所示。

图 3-1 【类型选择器】

图3-2 【类型属性】对话框

然后单击【结构】选项后的【编辑】按钮，Revit软件将打开【编辑部件】对话框，如图3-3所示。在此对话框中，单击结构层中的【功能】下拉列表框，Revit软件将打开"结构［1］""衬底［2］""保温层/空气层［3］""面层1[４]""面层2[５]"以及"涂膜层"6种墙体功能。其中"涂膜层"一般用于防水涂层，所以"厚度"必须设置为"0"，如图3-4所示。

图3-3 【编辑部件】对话框

任务实施 3.1.2 创建基本墙

在Revit中，用户可以利用"墙"工具来绘制和生成墙体对象。在创建墙体之前，需要先定义墙体的墙厚、做法、材质、功能等，然后指定墙体的平面

创建基本墙

位置、高度等参数。

在 Revit 的项目样板中，预设有墙体类型，若是在默认的墙体类型中找不到用户所需要的类型，则需要新建墙类型。现以新建"1号办公楼图纸"中的"外墙1-面砖外墙"的墙体类型为例进行介绍。外墙体的做法从外到内依次为 10mm 厚面砖、10mm 水泥石灰膏砂浆、50mm 保温层、250mm 厚砖、14mm 厚内抹灰，如图 3-5 所示。

图 3-4　墙体【功能】下拉列表框

图 3-5　"外墙1-面砖外墙"的做法

启动 Revit，接上面的练习，打开保存的文件，打开平面视图 "F1"。单击【建筑】选项卡，在【构建】面板上单击【墙】命令，单击【类型选择器】，选取任意墙体类型，如"基本墙　常规 –200mm"选项。在属性面板中单击【编辑类型】按钮，弹出【类型属性】对话框，在弹出的【类型属性】对话框中单击【复制】按钮，输入"外墙1-面砖外墙"，单击【确定】按钮后，当前类型即为新建的"外墙1"，如图3-6所示。

图3-6　新建墙体类型

新建好外墙类型后，单击【结构】选项后的【编辑】按钮（图3-7），打开【编辑部件】对话框。在对话框中连续单击【插入】按钮三次，插入新的结构层，效果如图3-8所示。

图3-7　单击【编辑】按钮

图 3-8 插入结构层

在【功能】下拉列表框,Revit 软件将打开"结构[1]""衬底[2]""保温层/空气层[3]""面层1[4]""面层2[5]"以及"涂膜层"6种墙体功能。其中"涂膜层"一般用于防水涂层,所以"厚度"必须设置为"0",如图 3-9 所示。

图 3-9 【功能】下拉列表框

此时,单击【向上】按钮,并单击【功能】下拉列表框,在该列表框中选择"面层1[4]"选项,并设置面层"厚度"参数为"10",如图 3-10 所示。

厚度参数设置完成后,单击【材质】列表框,软件将打开【材质浏览器】对话框。然后选择名称列表中的"面砖"材质选项,单击鼠标右键,选择"复制"选项,如图3-11所示。

图3-10 设置面层厚度参数

图3-11 选择并复制材质

此时，单击【标识】选项卡，在"名称"栏中输入"面砖-白色"，如图3-12所示。

重命名材质完成后，单击旁边的【图形】选项卡，在"着色"列表中单击【颜色】选项卡，在打开的【颜色】对话框中选择白色色块，并单击【确定】按钮，即可完成颜色的设置，如图3-13所示。

图3-12 重命名材质

图3-13 颜色设置

在"表面填充图案"列表中单击【填充图案】按钮，打开【填充样式】对话框，在【填充图案类型】中选择"绘图"，选择列表中的【对角线交叉填充】选项，如图3-14所示。

■ 小提示

"绘图"及"模型"中的样式均为表面填充图案，但是"绘图"中的样式会随着视图比例进行相应的调整，而"模型"中的样式是固定大小，不会随着视图比例调整。

设置好填充图案类型后，在"截面填充图案"列表中单击【填充图案】按钮，软件将打开【填充样式】对话框。然后选择列表中的"对角线-上3mm"选项，如图3-14所示。

图 3-14 设置表面和截面填充图案

■ 小提示

"图形"及"外观"选项卡均用于设置材质外观显示,但是"图形"设置的是"着色"视觉样式下的显示外观,"外观"设置的是"真实"视觉样式及渲染模式下的显示外观,设置方式类似,不再赘述。

所有设置完成后,单击【确定】按钮,即创建完成"面砖-白色"材质,并且该材质显示在"结构 [1]"的"材质"下拉列表框中,通过单击【向上】按钮将结构层放置在"核心边界"的外部,如图 3-15 所示。

设置完成"结构 [1]"后,通过类似的方法设置其他结构层,材质按照图纸要求设置即可。设置完成后的"外墙 1"各结构层如图 3-16 所示。

完成结构层的设置后,连续单击【确定】按钮直至退出所有对话框。该墙类型将在【属性】面板的【类型选择器】位置显示，如图 3-17 所示。这样"外墙 1- 面砖外墙"类型的墙体就创建好了。

图 3-15　设置后的"结构 [1]"

图 3-16　设置完成后的"外墙 1- 面砖外墙"

任务实施 3.1.3　绘制墙体

墙体创建完成后按照图纸所示位置绘制墙体即可。单击【建筑】选项卡→【墙】命令→【建筑墙】按钮，Revit 软件会自动跳转到【修改 | 放置墙】选项卡，且在【绘制】面板上会默认选择【直线】命令。在选项栏中设置"高度"为"屋面"，表示墙的高度为当前高度 F1 到屋面；设置"定位线"为"面层面：内部"，并勾选【链】，表示软件会自动修剪

墙角。在【属性】面板的【类型选择器】中选择刚创建的"外墙 1- 面砖外墙"墙体类型,"底部偏移"设置为"–450","顶部偏移"设置为"0",如图 3-18 所示。

完成墙工具设置后,将光标指向轴线③与Ⓐ相交的位置,Revit 将自动捕捉两者的交点。此时,在该交点位置单击鼠标左键,并向左移动光标至轴线①与Ⓐ相交的位置单击鼠标左键,继续垂直向上移动光标至轴线①与Ⓓ相交的位置单击鼠标左键。继续水平向右移动光标至轴线⑧与Ⓓ相交的位置单击鼠标左键,并垂直向下移动光标至轴线⑧与Ⓐ相交的位置单击鼠标左键,继续水平向左移动光标至轴线⑥与Ⓐ相交的位置单击鼠标左键,并按 <Esc> 键。紧接着将光标移至轴线⑤与Ⓐ/Ⓐ相交的位置单击鼠标左键,继续水平向左移动光标至轴线④与Ⓐ/Ⓐ相交的位置单击鼠标左键,并按两次 <Esc> 键,效果如图 3-19 所示。

图 3-17　显示墙类型

图 3-18　设置"墙"工具

继续绘制轴线⑤与⑥之间的弧形墙体。单击【建筑】选项卡→【工作平面】面板→【参照平面】命令,如图 3-20 所示。

在轴线⑤与⑥之间任意位置绘制一条平行于轴线⑤的参照平面,按 <Esc> 键两次,选中绘制的参照平面,借助临时尺寸标注,将参照平面调整到距离轴线⑤ 2500mm 的位置,如图 3-21 所示。

图 3-19 绘制直型外墙

图 3-20 参照平面工具

图 3-21 参照平面绘制

单击【建筑】选项卡→【墙】→【建筑墙】按钮,在【绘制】面板上会默认选择【直线】命令。在选项栏中依次设置"高度"为"屋面","定位线"为"面层面:内部",勾选【链】,在【属性】面板的【类型选择器】中选择刚创建的"外墙1-面砖外墙"墙体类型,"底部偏移"设置为"-450","顶部偏移"设置为"0",将光标指向轴线⑥与Ⓐ相交的位置单

79

击鼠标左键,并水平向左移动光标至参照平面与轴线Ⓐ相交的位置单击鼠标左键,按 <Esc> 键,选择【绘制】面板的"起点 - 终点 - 半径弧"工具,在参照平面与轴线Ⓐ相交的位置单击鼠标左键,移动光标至轴线⑤与1/Ⓐ相交的位置单击鼠标左键,在键盘上输入"2500",并按 <Enter> 键,即完成弧形墙体的绘制,如图 3-22 所示。

一旦信息错误,往往会导致巨大损失,作图过程一定要准确无误

图 3-22 弧形墙体绘制

然后用同样的方法绘制轴线③与④之间的弧形墙体,如图 3-23、图 3-24 所示。

任务实施 3.1.4 绘制叠层墙

根据图纸要求,大堂的内墙为"内墙 1"且下部有 1200mm 的墙裙,为实现其装饰装修效果,需要通过创建叠层墙来实现。叠层墙是指由两种或多种墙体组合而成的墙。所以,先按照上文描述的方法创建两种基本墙"内墙 1- 水泥砂浆"及"踢脚 1+ 墙裙",具体结构层设计如图 3-25 所示。

创建叠层墙

图 3-23　轴线③与④之间的弧形墙体

图 3-24　弧形墙体三维效果

单击【建筑】选项卡→【墙】→【建筑墙】按钮，在【属性】面板的【类型选择器】中选择"叠层墙：外部 - 砌块勒脚砖墙"的墙类型，如图 3-26 所示。单击【编辑类型】按钮，打开【类型属性】对话框，然后单击【复制】按钮创建"办公室 1+ 大堂"的叠层墙，单击【结构】后的【编辑】按钮即可打开叠层墙的【编辑部件】对话框，创建叠层墙，如图 3-27 所示。

图 3-25 叠层墙的墙体设计

图 3-26 叠层墙类型选择　　　　图 3-27 【类型属性】对话框

在【编辑部件】对话框中，单击墙体名称选择需要的墙体类型，分别选中"内墙1-水泥砂浆"及"踢脚1+墙裙"两种墙体类型，之后修改各自墙体的高度，将"内墙1-水泥砂浆"的高度设置为"可变"，"踢脚1+墙裙"的高度设置为"1200"，如图3-28所示。若叠层墙的组成有更多样式的话，可通过【插入】按钮插入墙体类型。

单击【确定】按钮直至关闭所有对话框，即完成了"办公室1+大堂"的叠层墙的创建。在选项栏中依次设置"高度"为"2F"，"定位线"为"核心层中心线"，勾选【链】，【属性】面板中的"底部偏移"设置为"0"，"顶部偏移"设置为"0"，如图3-29所示。

模块三 建筑专业建模

图 3-28 叠层墙的设计

图 3-29 叠层墙参数设置

完成叠层墙参数设置后，将光标指向轴线④与①/A相交的位置单击鼠标左键，并向上移动光标至轴线④与⑧相交的位置单击鼠标左键，然后按 <Esc> 键。紧接着将光标移至轴线⑤与①/A相交的位置单击鼠标左键，继续向上移动光标至轴线⑤与⑧相交的位置单击鼠标左键，

并按 <Esc> 键两次退出墙体绘制模式，效果如图 3-30 所示。

图 3-30　叠层墙绘制

切换到三维显示效果，发现带墙裙的大堂内墙的装饰效果面在办公室的内面，即⑤轴线上的叠层墙墙面装饰装修效果方向反了。选中⑤轴线上的叠层墙，会显示"修改墙的方向"反转符号，单击鼠标左键，可完成墙体的反转，如图 3-31、图 3-32 所示。

图 3-31　更改墙体外部所在的方位

图 3-32　更改后的效果

同样的方式创建其他内墙，按照图纸所示位置绘制 1F 的墙体，完成后效果如图 3-33 所示。

模块三 建筑专业建模

图 3-33 1F 墙体创建完成效果图

1 号办公楼的外墙装饰装修效果较为复杂,需要三种基本墙体叠加在一起生成叠层墙,对于初学者,按照本书完成简单的装饰装修效果绘制即可。对于有一定基础的同学,可以按照操作视频根据图纸要求进行装饰装修效果绘制,方法与内墙的创建类似,在此不再赘述。

女儿墙的绘制和普通墙体完全相同,在此不再赘述。所有墙体绘制完成后的效果如图 3-34 所示。

绘制墙体之二——
墙体楼层的复制

绘制墙体之三——
女儿墙的绘制

图 3-34 墙体创建完成三维效果图

任务实施 3.1.5 绘制玻璃幕墙

玻璃幕墙是不分担主体结构所受作用的建筑外围护结构或装饰结构,常作为一种美观、新颖的建筑墙体装饰。在一般的应用中,玻璃幕墙多被定义为薄的、通常带铝框的墙。在 Revit 中,幕墙属于墙体的一种类型,可以像绘制基本墙那样绘制幕墙。

玻璃幕墙默认有三种类型,即幕墙、外部玻璃、店面,如图 3-35 所示。

1)幕墙:一整块玻璃,没有预先划分网格,做弯曲的幕墙时只显示直的幕墙,只有添加网格后才会弯曲。

2)外部玻璃:外部玻璃预先划分有网格,网格间距比较大,网格间距可调整。

3)店面:店面也有预先划分的网格,网格间距比较小,网格间距可以调整。

玻璃幕墙由幕墙嵌板、幕墙网格和幕墙竖梃三个部分组成,如图 3-36 所示。

1）幕墙嵌板：是构成幕墙的基本单元。
2）幕墙网格：决定幕墙嵌板的大小、数量。

图 3-35　玻璃幕墙类型

图 3-36　玻璃幕墙组成

3）幕墙竖梃：为幕墙龙骨，是沿幕墙网格生成的线性构件，可编辑其轮廓。

打开上个环节保存的文件，单击【建筑】选项卡→【墙】按钮，在【属性】面板中选择幕墙类型，如图 3-37 所示。在【类型选择器】中选择"幕墙"，单击【编辑类型】按钮，弹出幕墙的【类型属性】对话框，通过编辑幕墙的类型参数，可以控制幕墙网格的布局、间距、对齐、旋转角度和偏移值，还可以设置垂直竖梃和水平竖梃的类型。单击【复制】按钮生成"外墙 4"的幕墙类型，将"自动嵌入"后面打上"√"。设置【垂直网格】中的"布局"为"固定距离"，"间距"为"1000"；【水平网格】中的"布局"为"固定距离"，"间距"为"1500"；【垂直竖梃】中的"内部类型""边界 1 类型""边界 2 类型"以及【水平竖梃】中的"内部类型""边界 1 类型""边界 2 类型"均为"矩形竖梃：30mm 正方形"，如图 3-38、图 3-39 所示。

绘制玻璃幕墙之——
玻璃幕墙的绘制

单击【确定】按钮直至关闭所有对话框。在【属性】面板中设置"底部限制条件"为"1F","底部偏移"为"0","顶部约束"为"直到标高:屋面","顶部偏移"为"0",将光标指向轴线⑥与Ⓐ相交的位置单击鼠标左键,并水平向左移动光标至参照平面与轴线Ⓐ相交的位置单击鼠标左键,按 <Esc> 键,选择【绘制】面板的"起点-终点-半径弧"工具,并将光标指向参照平面与轴线Ⓐ相交的位置单击鼠标左键,移动光标至轴线⑤与①/Ⓐ相交的位置单击鼠标左键,在键盘上输入"2500",按 <Enter> 键,即完成玻璃幕墙的绘制。用同样的方法绘制轴线③与④之间的玻璃幕墙,如图3-40、图3-41所示,保存文件。

绘制玻璃幕墙之二——
玻璃幕墙的设计

图3-37 选择幕墙类型

图3-38 幕墙属性设置

图 3-39 幕墙竖梃类型设置

图 3-40 玻璃幕墙的绘制

过关练习 4 ——墙体

参照某小别墅的建筑施工图,完成案例模型的内外墙绘制,墙体装饰装修效果自定义,完成效果如图 3-42 所示。

图 3-41　玻璃幕墙三维效果

图 3-42　某小别墅墙体模型

任务 3.2　创建门窗

任务发布

■ 任务描述：

门窗是建筑造型的重要组成部分，它们的形状、尺寸、比例、排列、色彩、造型等对建筑的整体造型有很大的影响。门窗是在墙体的基础上创建的，在创建完墙体模型以后，就可以根据项目需要进行门窗的创建。在 Revit 中，使用"门窗"工具可以方便地在项目中添加任意形式的门或窗。门窗构件属于外部族，所以在添加门窗之前必须先在项目中载入项目所需的门族或窗族，然后才能在项目中使用门族或窗族。本任务主要讲述门窗的创建方法及其编辑修改的方法。通过载入门族或窗族掌握添加门窗的方法，作图时应充分考虑经济性及施工的便利性。通过门窗的创建培养学生创新精神，鼓励学生勇于打破固定思维，激发发散思维，进行创造性工作。

■ 任务目标：

完成 1 号办公楼门窗的绘制与编辑。

任务实施 3.2.1　创建并编辑常规门

创建编辑常规门

1. 创建常规门

打开上个任务保存的 1 号办公楼项目文件，在【建筑】选项卡中单击【门】命令，Revit 软件会打开【修改|放置门】选项卡。在【模式】面板中单击【载入族】按钮，Revit 软件将打开【载入族】对话框，然后选择并打开"China"→"建筑"→"门"→"普通门"→"旋转门"文件夹中的"旋转门 1.rfa"族文件，如图 3-43、图 3-44 所示。

图 3-43　载入族

图 3-44 选择门族文件

载入门族后，Revit 软件将在【属性】面板的【类型选择器】中显示该族类型。然后单击【编辑类型】按钮，打开【类型属性】对话框，复制门类型为"M5021"，并在【功能】下拉列表中选择"外部"。在【类型属性】对话框中，不仅能够复制族类型，还可以重命名门类型，也可以在【类型参数】列表中设置与门相关的参数，以改变门图元的显示效果。将门的类型参数"高度""宽度"分别设置为"2100""5000"，如图 3-45 所示。

图 3-45 门的【类型属性】对话框

门类型参数设置完成后,移动光标至绘图区域,沿着轴线①/A并在轴线④与轴线⑤之间的墙体适当位置单击鼠标左键,为其添加门图元,效果如图 3-46 所示。

图 3-46 添加门图元

连续两次按 <Esc> 键,切换至三维视图,查看正门的效果,如图 3-47 所示。

图 3-47 正门效果

正门添加完成后,切换至"楼层平面:F1"视图,按照上述方法再次载入适当的门族类型,设置好相应的类型参数,然后在适当的墙体位置添加各门图元,效果如图 3-48 所示。

切换至三维视图,在【属性】面板中启动"剖面框",并拖动蓝色控制按钮查看各门图元效果,如图 3-49、图 3-50 所示。

此外,还可以通过"门"→"载入族"→"China"→"建筑"→"门"→"其他"→"门洞"文件夹中的"门洞.rfa"族文件添加门洞,如图 3-51 所示。门洞的添加方法与门的添加方法一样,这里不再赘述。

图 3-48　插入其他门图元效果

图 3-49　打开"剖面框"

图 3-50　各门图元三维效果

2. 编辑常规门

门窗是建筑造型的重要组成部分，它们的形状、尺寸、比例、排列、色彩、造型等对建筑的整体造型有很大的影响。门窗都是外部载入族，因此其编辑方法完全一样。

（1）修改门实例参数

选择门，并在【属性】面板中设置所需门的标高、底高度等实例参数，如图 3-52 所示。

图 3-51 插入门洞族

（2）修改门类型参数

选择门，在【属性】面板中单击【编辑类型】按钮，打开【类型属性】对话框，然后单击【复制】按钮或【重命名】按钮来创建一个新的门类型，也可以修改门的高度、宽度等参数，以改变门的显示效果，如图 3-53 所示。

图 3-52 修改门实例参数

图 3-53 修改门类型参数

（3）开启方向及临时尺寸控制

选择Ⓑ轴线上②轴线右边的门 M1021，软件将显示【临时尺寸标注】按钮和【方向控制】按钮，如图 3-54 所示。单击临时尺寸数字，可编辑尺寸数值，门的位置也将随着尺寸的改变而自动调整；单击左右翻转方向符号，可调整门的左右开启方向。同样选择Ⓒ轴线上②轴线右边的门 M1021，单击上下翻转方向符号，可调整门的内外开启方向。调整前后对比图如图 3-55 所示。

图 3-54 【临时尺寸标注】按钮和【方向控制】按钮

图 3-55 【方向控制】按钮调整门的左右、内外开启方向前后对比图

（4）常规编辑命令

除了上述编辑命令外，用户还可以通过【修改|门】选项卡中各个面板下的编辑命令来编辑门。通常情况下，【修改】面板中有【移动】【复制】【旋转】【阵列】【镜像】【对齐】等

命令,而【剪贴板】面板中有【复制到剪贴板】【剪切到剪贴板】【从剪贴板中粘贴】等编辑命令。例如,用户可以单击【剪贴板】上的编辑命令,将项目文件中"F1"楼层的门图元显示在"F2"和"F3"楼层中的相同位置上。

(5) 移动门

选择门,按住鼠标左键拖曳,可以在当前墙的方向上移动所选择图元。如果需要把该图元移动至不同方向的墙体上,则可以使用"拾取新主体"工具。

选择任意一个门图元,单击功能区【拾取新主体】按钮,则进入重新放置门图元的操作,和插入门一样捕捉插入位置,并设置开启方向,接着单击,即可将门移动到另一面墙体上,如图3-56所示。

图3-56 用【拾取新主体】命令移动门

任务实施 3.2.2 创建并编辑常规窗

创建编辑
常规窗

1. 创建常规窗

门添加完成后,切换至"楼层平面:F1"视图。然后在【建筑】选项卡中单击【窗】命令,Revit软件将会打开【修改|放置窗】选项卡,单击【模式】面板【载入族】按钮,将打开【载入族】对话框,如图3-57所示。选择并打开"China"→"建筑"→"窗"→"普通窗"→"推拉窗"文件夹中的"推拉窗3-带贴面.rfa"族文件,如图3-58所示。窗族载入完成后,在【属性】面板的【类型选择器】中会显示刚载入的族类型。然后单击【编辑类型】按钮,打开【类型属性】对话框,复制窗类型为"C1824",并且在"尺寸标注"参数列表中将"宽度""高度"分别设置为"1800""2400",如图3-59所示。

模块三 建筑专业建模

图 3-57 【载入族】对话框

图 3-58 选择窗族文件

窗的类型有很多，要严格按照设计图纸选用，培养科学的工作态度

图 3-59 设置窗类型参数

97

在【属性】面板中将"底高度"设置为"600",窗类型参数设置完成后,移动光标至绘图区域,沿着轴线Ⓐ并在轴线②与轴线③之间及轴线⑥与轴线⑦之间墙体的适当位置连续单击鼠标左键,添加窗图元,效果如图3-60所示。

图3-60 添加窗图元

按两次<Esc>键,切换至默认三维视图中,即可查看窗的效果,如图3-61所示,保存文件。

图3-61 窗图元的三维效果

添加完成"C1824"后,切换至"楼层平面:F1"视图,然后按照上述方法再次载入适当的窗族类型,并设置好相应的类型参数,在墙体上添加其他窗图元效果如图3-62所示。

图3-62 添加其他窗图元效果

切换至三维视图中,查看各窗图元效果,如图3-63所示。

2. 编辑常规窗

门窗是建筑造型的重要组成部分,它们的形状、尺寸、比例、排列、色彩、造型等对建筑的整体造型有很大的影响。门窗都是外部载入族,因此其编辑方法完全一样,在此不再赘述，详见 3.2.1 中编辑常规门内容。

图 3-63　各窗图元的三维效果

选中"1F"所有的门窗，单击【剪贴板】面板→【复制到剪贴板】→【从剪贴板中粘贴】→【与选定标高对齐】，打开【选择标高】对话框，选中需要复制门窗的楼层，单击【确定】按钮即完成其他楼层门窗的创建，如图 3-64 所示。

图 3-64　"2F"~"4F"门窗三维效果

过关练习 5 ——门窗

参照某小别墅的建筑施工图，完成案例模型中门与窗的绘制，完成效果如图 3-65 所示。

图 3-65　某小别墅门窗效果

任务 3.3 创建楼板与天花板

任务发布

■ 任务描述：

楼板是建筑空间的分隔主体，在高度方向将建筑物分隔为若干层，也是墙、柱水平方向的支撑及联系杆件，保持墙、柱的稳定性。天花板位于建筑物室内顶部表面，起到装饰效果，绘制方法与楼板类似，故本任务主要介绍楼板与天花板的创建及编辑方法。老师在授课过程中要培养学生严谨细致的工匠精神，求真务实的学习习惯，要让学生深刻理解质量安全的重要性；同时提高学生发现问题、分析问题、解决问题的实践能力。

■ 任务目标：

完成 1 号办公楼楼板与天花板的绘制与编辑。

任务实施 3.3.1　创建楼板

创建楼板

在本项目的施工设计中，将楼板绘制大概分为 4 个区域：办公区域（除服务区域及阳台外的其他房间）、服务区域（大堂、走廊、卫生间）、阳台及核心筒区域（即楼梯间）。

打开上个任务保存的 1 号办公楼项目文件，在"项目浏览器"中双击【楼层平面】→【F1】，开始创建办公室 1 的楼板"地面 3"；单击【建筑】选项卡→【构建】面板→【楼板】→【楼板：建筑】命令，如图 3-66 所示。进入楼板的草图绘制模式，在【属性】面板中单击【编辑类型】按钮，进入【类型属性】对话框，单击【类型】后的【复制】按钮，在弹出的【名称】对话框中输入新名称"楼面 3"，单击【确定】按钮，如图 3-67 所示。

图 3-66　楼板工具

图 3-67 创建"楼面 3"楼板类型

楼板结构的设计类似于墙体结构设计,在此不再详述。单击【结构】项后的【编辑】按钮,进入【编辑部件】对话框,确保结构层厚度为"70mm",选择材质"混凝土 - 现场浇筑混凝土",单击【插入】按钮增加结构层,单击【向上】按钮调整为"最上层",设置"功能"为"面层 1［4］",选择"材质"为"大理石","厚度"设为"20",多次单击【确定】按钮直至关闭所有对话框,即完成新的楼板类型"楼面 3"的创建,如图 3-68 所示。

在【属性】面板中调整限定条件,如图 3-69 所示。

图 3-68 "楼面 3"结构层设置　　　　图 3-69 "楼面 3"属性参数设置

■ 小提示

楼板限制条件的"标高"为其上顶面的标高。

设置好参数后，单击【绘制】面板中【边界线】内的工具在绘图区域绘制如图 3-70 所示的边界线。

图 3-70 "楼面 3"边界线绘制

■ 小提示

楼板轮廓必须为一个或多个闭合轮廓，否则无法创建楼板。

单击【模式】面板→【完成编辑模式】按钮，完成楼板的绘制。打开"三维视图"查看三维效果，如图 3-71 所示，保存文件。

图 3-71 "楼面 3"三维效果

用同样的方式创建楼板的"地面1""楼面2""楼面4"。绘制完成后效果如图3-72所示。

图3-72 "1F"楼板

■ 注 意

在绘制楼板时,在设计初期虽然将楼板进行了分块,但其构造做法暂定一致,在后续的施工设计中将对其进行细分。

任务实施 3.3.2 复制编辑楼板

"1F"楼板创建完成后,可以通过【复制】命令将楼板复制到其他楼层。Revit软件中不同标高间的复制通过"剪贴板"实现。选中需要复制的"1F"楼板,单击【剪贴板】面板→【复制到剪贴板】→【从剪贴板中粘贴】→【与选定标高对齐】,打开【选择标高】对话框,如图3-73~图3-75所示。

复制编辑楼板

图3-73 【复制到剪贴板】命令

选中需要复制的楼层即可完成楼板的复制。复制后的楼板如需调整,选中需要编辑的楼板,单击【模式】面板的【编辑边界】按钮即可对楼板的边界线进行修改,如图3-76所示。

"2F"~"4F"楼板编辑完成后如图3-77所示,保存文件。

复制构件时,
要仔细甄别,
认真筛选

图 3-74 【与选定标高对齐】命令　　　　图 3-75 【选择标高】对话框

图 3-76 楼板的编辑

图 3-77 "2F"~"4F"楼板三维效果

任务实施 3.3.3　创建天花板

打开上步操作保存的 1 号办公楼项目文件,打开"楼层平面:F1"视图,开始绘制办公室 1 的天花板"吊顶 1",单击【建筑】选项卡→【构建】面板→【天花板】命令,如图 3-78 所示。

进入绘制天花板界面,Revit 软件提供了两种生成天花板的方法:"自动创建天花板"和"绘制天花板"(图 3-79)。"自动创建天花板"工具会自动捕捉封闭的区域,设置好天花板后,单击鼠标左键即可生成天花板。"绘制天花板"工具需要手动绘制需要生成的天花板的边界线,类似楼板的创建。

下面分别用两种方法生成天花板。

创建天花板

图 3-78 【天花板】命令

图 3-79 天花板创建方法

1）单击【天花板】面板中的【自动创建天花板】命令，在【属性】面板中单击【编辑类型】按钮，进入【类型属性】对话框，单击【类型】后的【复制】按钮，在弹出的【名称】对话框中输入新名称"吊顶1"，单击【确定】按钮，如图 3-80 所示。

图 3-80 创建"吊顶1"天花板类型

天花板结构的设计类似于楼板结构设计，在此不再赘述。设置好的天花板结构层如图 3-81 所示。

图 3-81 "吊顶 1"结构层设置

在【属性】面板中调整限定条件，如图 3-80 所示。设置好参数后，在绘图区域捕捉大堂区域及办公室 1 区域，单击鼠标左键放置天花板"吊顶 1"，如图 3-82、图 3-83 所示。

图 3-82 用【自动创建天花板】命令生成天花板

图 3-83　用【自动创建天花板】命令生成天花板的三维效果

2）单击【天花板】面板中的【绘制天花板】按钮，进入绘制天花板界面，与楼板绘制界面类似，如图 3-84 所示。

图 3-84　天花板绘制界面

同样方法创建"吊顶 2"，结构层如图 3-85 所示。

图 3-85　"吊顶 2"结构层设置

在【属性】面板中调整限定条件，将"标高"设置为"1F"，"自标高的高度偏移"设置为"3300"，然后在【绘制】面板中单击【边界线】里面的工具在绘图区域绘制卫生间天花板的边界线，如图3-86所示。

图3-86 "吊顶2"边界线绘制

单击【模式】面板→【完成编辑模式】按钮，完成天花板的创建。打开"三维视图"查看三维效果，如图3-87所示，保存文件。

图3-87 "吊顶2"三维效果

其他天花板可以采取上述两种方法中的任意一种方法生成，并且可以复制到其他楼层，在此不再赘述。

过关练习6——楼板

参照某小别墅的建筑施工图，完成案例模型中楼板的绘制，装饰装修效果可自定义，完成效果如图3-88所示。

模块三 建筑专业建模

图 3-88　某小别墅楼板效果

任务 3.4　创建楼梯、坡道

任务发布

■ 任务描述：

　　楼梯是让人顺利上下两个空间的通道，其结构必须合理。设计师要对楼梯尺寸了解透彻，使得设计的楼梯便于行走，且所占空间最小。此外，从建筑艺术和美学的角度来说，楼梯是视觉的焦点，也是彰显主人个性的一大亮点。楼梯设计需满足功能、结构、建筑构造以及防火、安全方面的要求，并考虑到经济和施工的方便。本任务主要讲述楼梯构建相关参数及设置方法，创建楼梯的两种方法以及坡道的创建方法。通过本任务的学习培养学生安全第一、美观与适用相结合的理念。

■ 任务目标：

完成 1 号办公楼楼梯与坡道的绘制与编辑。

知识准备 3.4.1　楼梯的组成和尺度

1. 楼梯的组成

楼梯一般由梯段、平台、栏杆与扶手三部分组成，如图 3-89 所示。

2. 楼梯的尺度

楼梯的尺度包括踏步尺度、梯段尺度、平台宽度、梯井宽度、楼梯净空高度和栏杆与扶手尺度。

楼梯的组成和尺寸

109

楼梯的坡度在实际应用中由踏步高宽比确定。踏步的高宽比需要根据人流行走的舒适度、安全性、楼梯间的尺度、面积等因素进行综合权衡。常用的楼梯坡度为1：2左右。当人流量大时，安全要求高的楼梯坡度应该平缓一些，反之则可陡一些，以减小楼梯水平投影面积。楼梯踏步的高度和宽度尺寸一般根据经验数据确定，具体见表3-1。

表3-1 踏步常用高宽尺寸

建筑类型	住宅楼	学校、办公楼	幼儿园	医院	剧院、会堂
踏步高度/mm	150~175	140~160	120~150	120~150	120~150
踏步宽度/mm	260~300	280~340	260~280	300~350	300~350

梯段尺度分为梯段宽度和梯段长度。其中，梯段宽度应根据紧急疏散时要求通过的人流股数确定，且每股人流按550~600mm宽度考虑，双人通行时梯段宽度一般设为1100~1200mm，依次类推。此外，还需要满足各类建筑设计规范对梯段宽度的最低限度要求。

平台宽度分为中间平台宽度和楼层平台宽度。对于平行和折行多跑等类型的楼梯，其中间平台宽度应不小于梯段宽度，且不得小于1200mm，以保证通行和梯段同股数的人流，同时应便于家具搬运；医院建筑还应确保担架在平台处能转向通行，且其中间平台宽度应不小于1800mm。对于直行多跑楼梯，其中间平台宽度不宜小于1200mm，楼层平台宽度应比中间平台宽度更大一些，以利于人流分配和停留。

梯井是指梯段之间形成的空隙，且该空隙从顶层到底层贯通。梯井宽度应较小，以60~200mm为宜。

图3-89 楼梯组成

楼梯各部位的净空高度应保证人流通行和家具搬运的便利，一般要求不小于2000mm，梯段范围内的净空高度应大于2200mm。

梯段栏杆与扶手高度是指踏步前缘线至扶手顶面的垂直距离。其高度根据人体重心高度、楼梯坡度等因素确定，一般不应低于900mm；供儿童使用的楼梯应在500~600mm高度增设扶手。

任务实施 3.4.2 创建楼梯

在Revit中，创建楼梯有两种方式，即"按构件"和"按草图"。"按构件"方式是通过编辑"梯段""平台"和"支座"（梯边梁或斜梁）来创建楼梯；而"按草图"方式是通过编辑"梯段""边界"和"踢面"的线条来创建楼梯。在编辑状态下，可以通过修改绿色边界线和黑色梯面线来编辑楼梯样式，形式比较灵活，可以创建很多形状各异的楼梯。

1. "按草图"方式创建楼梯

打开上步操作保存的 1 号办公楼项目文件，在"项目浏览器"中打开"楼层平面：F1"视图，开始绘制 1 号办公楼的室内楼梯。单击【建筑】选项卡→【楼梯坡道】面板→【楼梯】→【楼梯（按草图）】命令，如图 3-90 所示。

按草图创建楼梯

图 3-90 【楼梯（按草图）】命令

此时，Revit 会自动跳转到草图模式，出现【修改|创建楼梯草图】选项卡，默认选项为"梯段"→"直线"工具。在【属性】面板中，单击【编辑类型】按钮，如图 3-91 所示。

图 3-91 "按草图"方式创建楼梯

在打开的【类型属性】对话框中，单击【复制】按钮，新建名为"1-2F 楼梯"的楼梯类型，如图 3-92 所示，设置好相应的类型属性。

图 3-92 中，"最小踏板深度"和"最大踢面高度"这两个参数是 Revit 用来自动计算踏面个数的。当对楼梯的整体高度进行修改时，踏面个数也会随之更新。当然，也可以通过直接修改踏面个数来修改楼梯的整体高度，但如果踏面个数太少，则会导致系统报错。

设置好类型参数后单击【确定】按钮关闭【类型属性】对话框，在【属性】面板中，将"底部标高"和"顶部标高"分别设置为"1F"和"2F"，"底部偏移"和"顶部偏移"均设为"0"；将【尺寸标注】选项中的"宽度"设为"1450"，"所需踢面数"设为"26"，"实际踏板深度"设为"300"。此时，其他选项的值均是通过【限制条件】选项组中的选项值自动算出来的，通常情况下不需要改动，如图 3-93 所示。

图 3-92 "按草图"方式创建楼梯的类型属性设置   图 3-93 "按草图"方式创建楼梯的属性设置

设置好属性参数后，在轴线④与轴线⑤之间绘制如下草图：绘制参照点位于楼梯梯段中心点，在楼梯起点位置第一次单击鼠标左键，沿着楼梯方向移动光标至中间休息平台第二次单击鼠标左键，在第二跑楼梯起点位置第三次单击鼠标左键，沿着楼梯方向移动光标直至终点，如图 3-94 所示。

楼梯的草图由绿色的边界线、黑色的梯面线和蓝色的梯段线组成，边界线与梯面线可以是直线也可以是弧线，但要保证内、外两条边界线分别连续，且首尾与梯面线闭合。创建平台时，要注意把边界线在梯段与平台的相交处打断。在"按草图"方式中边界线不能重合，所以要创建有重叠的多跑楼梯只能采用"按构件"方式。

绘制完成后，单击【模式】面板的【完成编辑模式】按钮，完成楼梯的创建，如图 3-95 所示，系统会默认放置栏杆、扶手，可以根据需要自行删除或者更换类型。

图 3-94 楼梯的草图绘制

2. "按草图"方式设计楼梯

若要创建其他形式的楼梯，如休息平台是弧形的，可以先绘制常规矩形楼梯，然后在草图模式下,删除原来的直线边界,再用【边界】命令中的"起点-终点-半径弧"工具绘制新的弧形线即可,如图3-96、图3-97所示。

绘制完成后,单击【模式】面板的【完成编辑模式】按钮,完成弧形休息平台楼梯的创建,切换到三维效果如图3-98所示。

如创建弧形踏步的楼梯,也是先绘制常规矩形楼梯,然后在草图模式下,删除原来的直线梯面线,再用【梯面】命令中的"起点-终点-半径弧"工具绘制新的弧形线即可,如图3-99、图3-100所示。

图 3-95 "按草图"方式绘制的楼梯

按草图设计楼梯

图 3-96 用【边界】命令编辑楼梯边界

图 3-97 弧形休息平台楼梯创建草图

图 3-98 弧形休息平台楼梯三维效果

注意两种方法的区别，按设计图纸灵活选用

图 3-99 弧形踏步楼梯创建草图　　　　图 3-100 弧形踏步楼梯三维效果

3. "按构件"方式创建楼梯

单击【建筑】选项卡→【楼梯坡道】面板→【楼梯】→【楼梯（按构件）】命令，Revit 会自动跳转到【修改|创建楼梯】选项卡，默认选项为"梯段"→"直梯"工具。在【属性】面板中，将【类型选择器】选择"整体浇筑楼梯"类型，再单击【编辑类型】按钮，弹出【类型属性】对话框，如图 3-101 所示。

按构件绘制楼梯

图 3-101 "按构件"方式创建楼梯的类型属性设置

114

设置好类型参数后单击【确定】按钮关闭【类型属性】对话框，在【属性】面板中，将"底部标高"和"顶部标高"分别设置为"1F"和"2F"，"底部偏移"和"顶部偏移"均设为"0"，将【尺寸标注】选项中的"所需踢面数"设为"26"，"实际踏板深度"设为"300"。此时，其他选项的值均是通过【限制条件】选项组中的选项值自动算出来的，通常情况下不需要改动，如图 3-102 所示。

设置好属性参数后绘制楼梯，绘制完成后，单击【模式】面板的【完成编辑模式】按钮，完成楼梯的创建，如图 3-103、图 3-104 所示。

图 3-102 "按构件"方式创建楼梯的属性设置　　　　图 3-103 "按构件"方式绘制楼梯

任务实施 3.4.3　复制楼梯

复制楼梯

楼梯的复制有两种方法：

1）第一种方法类似于不同楼层门窗的复制，选中需要复制的楼梯"1-2F 楼梯"，单击【剪贴板】面板→【复制到剪贴板】→【从剪贴板中粘贴】→【与选定标高对齐】，打开【选择标高】对话框，选中需要复制楼梯的楼层，单击【确定】按钮，即完成其他楼层楼梯的创建，如图 3-105、图 3-106 所示。

2）第二种方法是楼梯特有的复制方式，运用【属性】面板中的"多层顶部标高"参数实现。选中需要复制的楼梯"1-2F 楼梯"，在【属性】面板中，将"多层顶部标高"设置为"屋面"，单击属性面板的【应用】按钮即可完成楼梯的复制，如图 3-107 所示。

复制构件时要仔细，保持科学、客观的态度

图 3-104 "按构件"方式创建的楼梯三维效果

图 3-105 用【剪贴板】命令复制楼梯

图 3-106 用【剪贴板】命令复制楼梯的三维效果

图 3-107 用"多层顶部标高"参数复制楼梯

1F 楼梯的创建可参考以下微课视频：

创建楼梯之一——
1F 楼梯

创建楼梯之二——
3F 楼梯

创建楼梯之三——
2F 楼梯

创建楼梯之四——
楼梯柱、梁创建

创建楼梯之五——
按草图生成楼梯的设计

创建楼梯之六——
按构件设计楼梯

模块三　建筑专业建模

■ 小提示

用"多层顶部标高"参数复制楼梯仅适用于楼层层高一样的楼梯的复制，楼层层高不一致时，楼梯参数设置会不同，无法复制完成。本项目中的1号办公楼由于1F与2F和3F的层高不同，故无法用此方法复制。

任务实施 3.4.4　创建坡道

创建坡道

在Revit中，坡道的创建方法与楼梯相似。用户可以定义直梯段、L形梯段、U形坡道和螺旋坡道，还可以通过修改草图来更改坡道的外边界。

单击【建筑】选项卡→【楼梯坡道】面板→【坡道】命令，Revit跳转到【修改 | 创建坡道草图】选项卡，绘制工具默认为"梯段"→"直线"，如图3-108所示。

图3-108　【修改 | 创建坡道草图】选项卡

单击【属性】面板的【编辑类型】按钮，打开【类型属性】对话框，单击【复制】按钮，新建名为"坡道1"的坡道类型，类型属性设置如图3-109所示。

在【属性】面板中，设置坡道的"顶部标高"和"底部标高"均为"1F"，"顶部偏移"为"0"，"底部偏移"为"-300"，属性参数设置如图3-110所示。

图3-109　坡道的类型属性设置

图3-110　坡道的属性设置

117

在平面视图中分别单击放置坡道的起点和终点,系统会根据之前设置的最大坡度和坡道的高度差自动计算斜坡的长度。绘制无误后,单击【修改|创建坡道草图】选项卡中的【完成编辑模式】按钮,即完成坡道的创建,如图 3-111、图 3-112 所示。同楼梯一样,系统会默认放置栏杆、扶手,设计者可以根据需要自行删除,保存文件。

图 3-111 坡道的草图绘制　　　　　图 3-112 坡道的三维效果

过关练习 7 ——楼梯、坡道

参照某小别墅的建筑施工图,完成案例模型中楼梯及坡道的绘制,完成效果如图 3-113 所示。

图 3-113 某小别墅楼梯、坡道效果

任务 3.5 创建与设计栏杆、扶手

任务发布

■ **任务描述：**

栏杆是建筑上的安全设施，通常设置在楼梯、阳台等处，兼具实用和装饰作用。扶手是位于栏杆或栏板上端及梯道侧壁处，供人攀扶的构件。栏杆与扶手是安全保护构件，在使用中起分隔、导向的作用，使被分割区域的边界明确、清晰，设计栏杆与扶手时，要求安全、坚固、美观，且表面应光滑无尖锐棱角。本任务主要讲授栏杆与扶手的创建及编辑方法，通过栏杆、扶手的绘制与设计培养学生严谨细致的工匠精神，养成质量安全先行、求真务实的学习、工作习惯。

■ **任务目标：**

完成 1 号办公楼栏杆与扶手的绘制与编辑。

任务实施 3.5.1 创建栏杆、扶手

Revit 提供了专门的【栏杆扶手】命令，用于绘制栏杆、扶手。栏杆、扶手由"栏杆"和"扶手"两部分组成，可以分别指定族的类型，从而组成不同类型的栏杆、扶手。Revit 提供了两种创建栏杆、扶手的方式："绘制路径"和"放置在主体上"，下面分别进行介绍。

1. "绘制路径"方式创建栏杆、扶手

打开上个任务保存的 1 号办公楼项目文件，打开"楼层平面：F1"视图。单击【建筑】选项卡→【楼梯坡道】面板→【栏杆扶手】→【绘制路径】命令，自动跳转到路径绘制模式，出现【修改|创建栏杆扶手路径】选项卡，【绘制】面板中有绘制栏杆、扶手路径的多种绘制方法，如图 3-114 所示。

在【属性】面板的【类型选择器】中选择"900mm 圆管"类型，单击【编辑类型】按钮，打开【类型属性】对话框，单击【复制】按钮生成"阳台栏杆 -900"的栏杆、扶手类型，类型属性设置如图 3-115 所示。

设计栏杆与扶手

图 3-114 【绘制路径】命令及【修改|创建栏杆扶手路径】选项卡

图 3-115　栏杆、扶手的类型属性设置

单击【确定】按钮关闭对话框，在Ⓐ轴线上③轴线与④轴线之间绘制如图 3-116 所示的路径，完成后单击【模式】面板的【完成编辑模式】按钮，创建完成栏杆、扶手，三维效果如图 3-117 所示。

图 3-116　栏杆、扶手路径绘制

图 3-117　栏杆、扶手三维效果

■ 小提示

栏杆、扶手的路径绘制应是连续的，如果绘制的路径是不连续的线段，Revit 将无法生成栏杆、扶手，应分多次绘制，每次绘制应保证路径的连续性。

绘制楼梯的栏杆、扶手时，同样使用【绘制路径】命令，沿着楼梯的边界线绘制，如图 3-118 所示。单击【完成编辑模式】按钮，在三维效果中查看时会出现图 3-119 所示的栏杆、扶手没有落在楼梯上的情况。

图 3-118　使用【绘制路径】命令绘制楼梯栏杆、扶手

图 3-119　栏杆、扶手没有落在楼梯上

这时需要对栏杆、扶手做进一步处理。首先选中该栏杆、扶手，然后单击【修改|栏杆扶手】→【拾取新主体】命令，如图3-120所示，再将光标移动到对应楼梯上，当楼梯高亮显示时单击楼梯，此时发现栏杆、扶手已经落在了楼梯上了，如图3-121所示。楼道和坡道的栏杆、扶手处理均可采用该方法。

图3-120 【拾取新主体】命令　　　　　　　图3-121 修改后的楼梯栏杆、扶手

2. "放置在主体上"方式创建栏杆、扶手

单击【建筑】选项卡→【楼梯坡道】面板→【栏杆扶手】→【放置在主体上】命令，自动跳转到【修改|创建主体上的栏杆扶手位置】选项卡，并在【位置】面板中选择【踏板】命令，如图3-122所示。将光标移动到需要放置栏杆、扶手的楼梯主体上，待主体高亮显示时单击主体，则主体两边的栏杆、扶手就创建成功了，如图3-123所示。

图3-122 【踏板】命令　　　　　　图3-123 "放置在主体上"方式创建的楼梯栏杆、扶手

任务实施 3.5.2　设计栏杆、扶手

除了可采用系统里的栏杆、扶手类型，用户还可以根据需要自定义栏杆、扶手。在【属性】面板的【类型选择器】中选择"900mm 圆管"类型的栏杆、扶手，单击【编辑类型】按钮打开【类型属性】对话框，单击【复制】按钮新建一个"栏板"类型，然后单击"扶栏结构（非连续）"后面的【编辑】按钮，如图 3-124 所示。

设置栏杆与扶手

图 3-124　自定义栏杆、扶手

打开【编辑扶手（非连续）】对话框，如图 3-125 所示。通过下面的"插入""复制"和"删除"可以增加或者删减栏杆、扶手的数量，通过"向上"或"向下"调整栏杆、扶手的顺序。栏杆、扶手的参数"高度"用于定义栏杆、扶手放置的位置，需要注意的是栏杆、扶手的高度不能超过定义的栏杆、扶手的高度。"偏移"是指栏杆、扶手轮廓相对于基点偏移中心线左、右的距离。"轮廓"是定义栏杆、扶手的外形，可以直接载入栏杆、扶手轮廓族来添加。"材质"用于定义栏杆、扶手的材质。将栏杆、扶手设置为图 3-126 所示的参数，只有一个栏杆、扶手。

设置完成后，单击【确定】按钮退出【编辑扶手（非连续）】对话框。

在【类型属性】对话框中，将"顶部扶栏"设置成如图 3-127 所示参数。除了对栏杆、扶手进行设置外，还可以对栏杆的位置进行编辑，单击"栏杆位置"后的【编辑】按钮，打

开【编辑栏杆位置】对话框，如图 3-128 所示。

图 3-125 【编辑扶手（非连续）】对话框

图 3-126 栏杆、扶手设置

图 3-127 【类型属性】对话框

图 3-128 【编辑栏杆位置】对话框

可以通过对话框右侧的"删除"或"复制"来减少或增加栏杆的数量，通过"向上"或"向下"来调整栏杆的顺序。"主样式"的"栏杆族"定义栏杆的外形，可以直接载入栏杆轮廓族来添加；"底部"和"底部偏移"用来定义栏杆底部所在的位置；"顶部"和"顶部偏移"用来定义栏杆顶部所在的位置；"相对前一栏杆的距离"定义本栏杆与前一栏杆的距离；"偏移"是指栏杆轮廓相对于基点偏移中心线左、右的距离。设置所需的栏杆参数，如图 3-129

所示，所有参数设置好后单击【确定】按钮，完成栏杆、扶手类型定义，在如图 3-130 所示位置绘制栏杆、扶手的路径，单击【完成编辑模式】按钮完成栏杆、扶手的创建，效果如图 3-131 所示。

图 3-129 【编辑栏杆位置】对话框参数设置

图 3-130 自定义栏杆、扶手的绘制

图 3-131 自定义栏杆、扶手三维效果

按照同样的方法把 1 号办公楼其他栏杆、扶手绘制完成即可，保存文件。

过关练习 8 ——栏杆、扶手

参照某小别墅的建筑施工图，完成案例模型中栏杆、扶手的设计及绘制，完成效果如图 3-132 所示。

图 3-132 某小别墅栏杆、扶手效果

任务 3.6 创建屋顶

任务发布

■ 任务描述：

屋顶是建筑的重要组成部分。在 Revit 中有 3 种方法创建屋顶：迹线屋顶、拉伸屋顶和面屋顶。本任务主要讲述迹线屋顶与拉伸屋顶的创建方法，面屋顶将在模块五的体量任务中介绍。屋顶的设计与绘制需综合考虑经济、适用、美观、安全、创新等因素，故老师在授课过程中要培养学生精打细算、安全第一、勇于创新的优良品质。

■ 任务目标：

完成 1 号办公楼屋顶的绘制与编辑。

任务实施 3.6.1 创建迹线屋顶

平屋顶的创建

Revit 中的【迹线屋顶】命令可以生成平屋顶与坡屋顶。下面分别介绍两种屋顶生成的方式。

1. 创建平屋顶

1 号办公楼项目的屋顶为平屋顶，可用【迹线屋顶】命令生成。打开保存的 1 号办公楼项目文件，在"项目浏览器"中打开平面视图"屋面"，单击【建筑】选项卡→【屋顶】→【迹线屋顶】命令，Revit 会自动跳转到【修改|创建屋顶迹线】选项卡，在【绘制】面板中

模块三 建筑专业建模

有各种绘制方式，如直线、矩形、内接多边形、圆弧形等，如图 3-133、图 3-134 所示。

图 3-133 【迹线屋顶】命令

图 3-134 【修改|创建屋顶迹线】选项卡

迹线屋顶的创建方式和楼板类似，进入绘制模式后，首先将选项栏的【定义坡度】前面的"√"去掉，然后在【属性】面板中将"底部标高"设置为"屋面"，单击【编辑类型】定义屋顶的类型，如图 3-135 所示；在打开的【类型属性】对话框中单击【复制】按钮新建名为"屋顶-200"的屋顶类型，单击"结构"后面的【编辑】按钮，如图 3-136 所示；在打开的【编辑部件】对话框中可对屋顶的结构层进行设计，与楼板的设计完全相同，在此不再赘述，设置好的屋顶结构如图 3-137 所示。

图 3-135 屋顶高度设置

图 3-136 屋顶【类型属性】对话框

127

单击【确定】按钮关闭所有对话框，在绘图区域绘制如图 3-138 所示的屋顶边界轮廓，轮廓绘制完成以后，单击【完成编辑模式】按钮，即创建完成了一个平屋顶，如图 3-139 所示，保存文件。

■ 小提示

绘制的迹线屋顶边界线必须是封闭的图形，否则无法创建屋顶。

图 3-137 "屋顶 -200"的结构设置

图 3-138 迹线屋顶轮廓绘制

如果需要修改屋顶边界线，则要回到平面视图，选中屋顶，再单击【编辑迹线】按钮即可修改屋顶边界线，如图 3-140 所示。

图 3-139 平屋顶三维效果

图 3-140 【编辑迹线】命令

平屋顶容易积水，造成漏水。所以通常会对平屋顶进行找坡，Revit 可以对平屋顶进行形状编辑，从而达到找坡的效果。

选中需要找坡的屋顶，Revit 会跳转到【修改|屋顶】选项卡，在【形状编辑】面板中有"添加点""添加分割线""拾取支座"和"修改子图元"工具，如图 3-141 所示。

图 3-141 【形状编辑】面板

单击【添加点】命令，在如图 3-142 所示位置添加两个点；然后再单击【添加分割线】命令，依次单击添加的两个点以及屋顶的端点，添加如图 3-143 所示的分割线；再单击【修改子图元】命令，选中添加的两个点间的分割线，旁边会出现分割线的高程为"0"，如图 3-144 所示，将其设置为"50"并按 <Enter> 键，即完成了边缘线高程的设置。按 <Esc> 键退出【形状编辑】命令，切换到三维视图查看效果，如图 3-145 所示。

图 3-142 添加点

由于平屋顶的坡度较小，可以借助【注释】选项卡中的【高程点坡度】命令来确认每个面的坡度，如图 3-146、图 3-147 所示。

2. 创建坡屋顶

用【迹线屋顶】命令还可以创建坡屋顶，下面新建一个项目文件练习创建坡屋顶。单击【建筑】选项卡→【屋顶】→【迹线屋顶】命令，勾选选项栏的【定义坡度】，具体的坡度在【属性】面板中可以修改，系统默认是"30°"。绘制屋顶的边界线轮廓，此时边界线旁边会有三角形符号，表示这条边定义了坡度，如图 3-148 所示。如果某条边不需要坡度，选中该条边，将【定义坡度】前的"√"去掉即可。

创建坡屋顶

图 3-143 添加分割线

图 3-144 修改子图元

图 3-145 找坡后的平屋顶

图 3-146 【高程点坡度】命令

图 3-147 平屋顶坡度

图 3-148 坡屋顶迹线轮廓绘制

单击【完成编辑模式】按钮，查看坡屋顶如图 3-149 所示。

图 3-149　创建完成的坡屋顶

除了直接定义坡度创建坡屋顶外，还可以用【坡度箭头】命令来创建坡屋顶。单击【建筑】选项卡→【屋顶】→【迹线屋顶】命令，然后在选项栏中不勾选【定义坡度】选项，再运用"绘制"工具绘制屋顶轮廓，完成屋顶轮廓的绘制后，在【绘制】面板上单击【坡度箭头】按钮，如图 3-150 所示。

将光标移动至右边界线的中点单击鼠标左键，紧接着单击左边界线的中点，即放置了一个坡度箭头，如图 3-151 所示。

图 3-150　【坡度箭头】命令

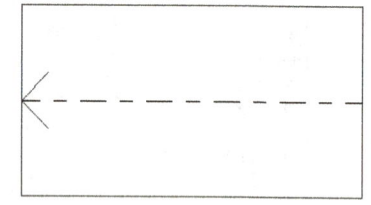

图 3-151　绘制坡度箭头

■ 小提示

坡度箭头所指的方向是由低处到高处，与传统所认为的坡度不太一样。

选中坡度箭头，在【属性】面板中可以通过"指定"设置坡度箭头的"尾高"或者"坡度"，如图 3-152 所示。单击【完成编辑模式】按钮即可得到需要的坡屋顶，如图 3-153 所示。

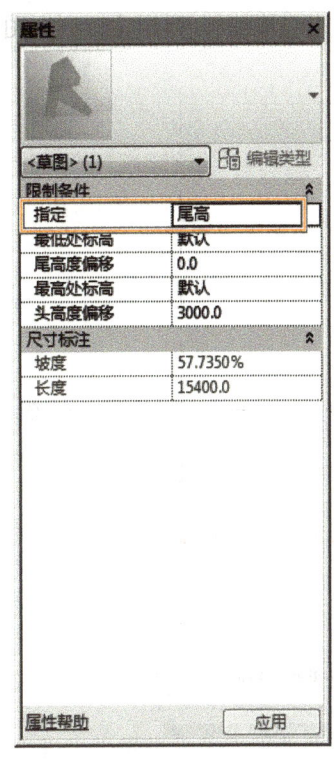

图 3-152 坡度箭头【属性】面板　　图 3-153 用【坡度箭头】命令创建的坡屋顶

绘制的时候可以自己定义"最低处标高"和"最高处标高",即可得到需要的坡屋顶,如图 3-154 所示。

图 3-154 用【坡度箭头】命令绘制的坡屋顶

任务实施 3.6.2 创建拉伸屋顶

Revit 中的【拉伸屋顶】命令可以生成坡屋顶与曲面屋顶。

新建一个项目文件练习拉伸屋顶。在"项目浏览器"中打开平面视图"标高 2",绘制如图 3-155 所示的简单的轴网。

然后单击【建筑】选项卡→【屋顶】→【拉伸屋顶】命令,Revit 会自动弹出【工作平面对话框，选中"拾取一个平面（P）"，单击【确定】按钮。然后选择①轴线，弹出【转到视图】对话框，选择"立面：西"选项，再单击【打开视图】按钮，就自动跳转到西立面。又弹出【屋顶参照标高和偏移】对话框，设置屋顶的标高以及偏移量，完成后单击【确定】按钮，如图 3-156 所示。

系统进入绘制拉伸屋顶轮廓模式。单击【修改|创建拉伸屋顶轮廓】选项卡→【绘制】面板→【样条曲线】命令，如图 3-157 所示。在绘图区绘制如图 3-158 所示的轮廓，在【属性】面板中的【类型选择器】中选择"屋顶-125"类型，然后单击【完成编辑模式】按钮，即完成曲面屋顶的绘制，转到三维视图查看效果，如图 3-159 所示。

图 3-155　轴网绘制

图 3-156　绘制拉伸屋顶过程

图 3-157　【样条曲线】命令

当然也可以根据需要直接在三维视图中调整拉伸屋顶的长度，方法是选中屋顶，Revit 将在屋顶上显示蓝色拖动三角图标（拉伸屋顶操纵柄），用户可以直接拖动该符号使屋顶达到理想的效果，如图 3-160 所示。

模块三 建筑专业建模

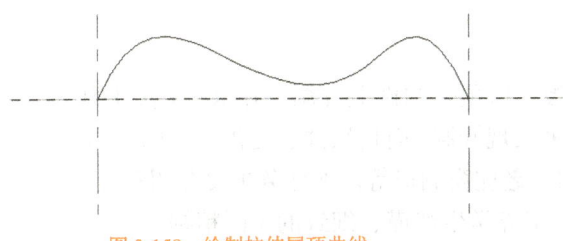

图 3-158 绘制拉伸屋顶曲线　　　　　图 3-159 拉伸屋顶效果图

图 3-160 拉伸屋顶操纵柄

如果在绘图区绘制如图 3-161 所示的轮廓，将创建一个坡屋顶，如图 3-162 所示。

图 3-161 拉伸屋顶轮廓　　　　　图 3-162 坡屋顶三维效果

任务 3.7　创建洞口

任务发布

■ 任务描述：

制图时通常需要在楼板、墙、天花板、屋顶等构件上开洞，在 Revit 软件中，不仅可以通过编辑楼板、屋顶、墙体的轮廓来实现开洞，而且软件还提供了专门的"洞口"工具来创建面洞口、垂直洞口、竖井洞口、老虎窗洞口等。本任务主要介绍垂直洞口、竖井洞口的绘制方法。通过本任务学习，培养学生严谨、细致的工匠精神。

■ 任务目标：

完成 1 号办公楼洞口的绘制与编辑。

任务实施 3.7.1　创建竖井洞口

创建竖井洞口

打开上个任务保存的 1 号办公楼项目文件，在"项目浏览器"中双击【楼层平面】→【F2】，开始对楼梯间的楼板创建洞口；单击【建筑】选项卡→【洞口】面板→【竖井】命令，如图 3-163 所示。

图 3-163　【竖井】命令

系统进入创建竖井绘制界面，单击【绘制】面板中【边界线】中的工具，在楼梯的周围绘制与楼梯形状一致的轮廓线；然后在【属性】面板将"底部限制条件"设置为"2F"，"顶部约束"设置为"直到标高：4F"，"底部偏移"和"顶部偏移"均设置为"–450"，如图 3-164 所示，单击【完成编辑模式】按钮，即完成了竖井的创建，同时也对"2F""3F"的楼板进行了开洞，如图 3-165 所示。

任务实施 3.7.2　创建垂直洞口

"4F"楼板运用【垂直】命令进行开洞。在"项目浏览器"中双击【楼层平面】→【F4】，单击【视图】选项卡→【创建】面板→【剖面】命令，如图 3-166 所示。在楼梯间位置放置"剖面 1"，如图 3-167 所示，双击剖面"标头"进入"剖面 1"视图。然后对楼梯间的楼板创建洞口，单击【建筑】选项卡→【洞口】面板→【垂直】命令，如图 3-168 所示。

图 3-164 竖井的创建

图 3-165 "2F""3F"楼板开洞

图 3-166 【剖面】命令

按步骤操作，做到严谨、细致

图 3-167 放置"剖面 1"

图 3-168 创建洞口

在"剖面 1"中单击需要开洞的"4F"楼板，如图 3-169 所示，Revit 软件会弹出【转到视图】对话框，选择"楼层平面：4F"，单击【打开视图】按钮，如图 3-170 所示。

软件会跳转到"4F"楼层平面，进入绘制洞口边界界面，运用【绘制】面板的工具绘制如图 3-171 所示的洞口边界，单击【完成编辑模式】按钮，即完成了垂直洞口的创建，如图 3-172 所示。

模块三　建筑专业建模

图 3-169　选择开洞楼板

图 3-170　【转到视图】对话框

洞口设置应合理，养成安全第一、美观与适用相结合的设计理念

图 3-171　垂直洞口边界绘制

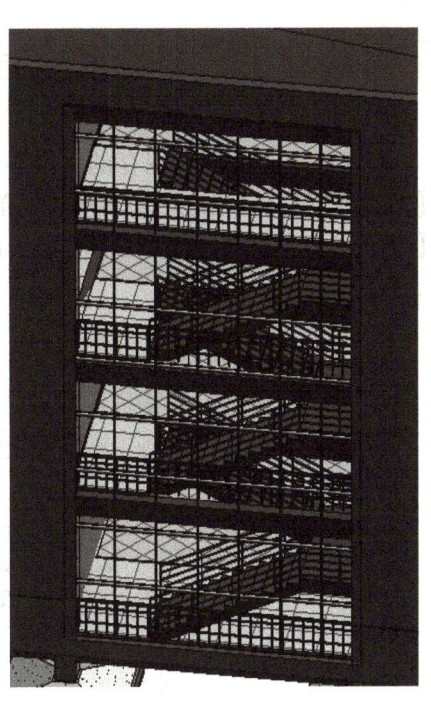

图 3-172　垂直洞口三维效果

139

任务 3.8　创建场地

任务发布

■ 任务描述：

场地是指工程群体所在地，是建造建筑物的地方。Revit 的"场地"工具包括"地形表面""建筑地坪""子面域"等。"地形表面"工具适用于创建建筑地形。"建筑地坪"工具适用于快速创建水平地面、停车场、水平道路等。"子面域"工具用于在现有地形表面绘制区域，例如，可以使用"子面域"工具在地形表面绘制道路或绘制停车场区域。场地的设计需要综合考虑用地经济性、周围建筑、市政设施、绿化等因素。本任务主要介绍场地的创建方法。通过本任务学习培养学生因地制宜、因势利导的思维习惯，加强学生综合分析问题、解决问题的能力。

■ 任务目标：

完成 1 号办公楼场地的绘制与编辑。

任务实施 3.8.1　绘制地形表面

打开上一个任务保存的 1 号办公楼项目文件，在"项目浏览器"中双击【场地】，打开"场地"平面视图，单击【建筑】选项卡→【工作平面】面板→【参照平面】命令，绘制如图 3-173 所示的四条参照平面，参照平面距离最外侧轴线的距离均为 10000mm。

创建地形表面

图 3-173　绘制参照平面

单击【体量和场地】选项卡→【场地建模】面板→【地形表面】命令，如图3-174所示；Revit进入【修改|编辑表面】选项卡，单击【放置点】命令，选项栏显示"高程"选项，设置为"-510.0"，一次性单击图3-175中四条参照平面的四个交点，即放置了4个高程为"-510.0"的点，如图3-175所示。

图3-174 【地形表面】命令

图3-175 放置点

单击【完成表面】按钮即创建了地形表面，选中刚创建的地形表面，在【属性】面板中单击【材质】按钮，选择"场地-草"材质，完成地形表面材质的赋予，保存文件，效果如图3-176所示。

图3-176 地形表面三维效果

任务实施 3.8.2 绘制建筑地坪

创建建筑地坪

"建筑地坪"工具适用于快速创建水平地面、停车场、水平道路等。建筑地坪可以在"场地"平面中绘制,为了参照一层外墙,也可以在"F1"平面绘制。打开上步操作保存的 1 号办公楼项目文件,在"项目浏览器"中双击【F1】,打开"楼层平面:F1"视图,单击【体量和场地】选项卡→【场地建模】面板→【建筑地坪】命令,如图 3-177 所示。

图 3-177 【建筑地坪】命令

进入建筑地坪的草图绘制模式,单击【绘制】面板的【直线】命令,移动光标到绘图区域,开始顺时针绘制建筑地坪轮廓,如图 3-178 所示,必须保证轮廓线闭合。

图 3-178 绘制建筑地坪轮廓

在【属性】面板中将"标高"设置为"1F",单击【编辑类型】按钮,打开【类型属性】

对话框，单击"结构"后面的【编辑】按钮，打开【编辑部件】对话框，将"材质"设置为"场地 - 碎石"，如图 3-179 所示。然后单击【确定】按钮关闭所有对话框。

单击【完成建筑地坪】命令即创建了建筑地坪，如图 3-180 所示，保存文件。

图 3-179 【编辑部件】对话框

图 3-180 建筑地坪三维效果

培养精打细算、勇于创新的优良品质

任务实施 3.8.3　创建地形子面域

创建子面域道路

本任务实施将使用"子面域"工具在地形表面上绘制道路。"子面域"工具用于在现有地形表面绘制区域，例如，可以使用"子面域"工具在地形表面绘制道路或绘制停车场区域。

"子面域"工具和"建筑地坪"工具不同，"建筑地坪"工具创建的是单独的水平表面，并剪切地形；但创建子面域不会生成单独的地表面，而是在地形表面上圈定某块可以定义不同属性集（例如材质）的表面区域。

打开上步操作保存的文件，在"项目浏览器"中双击【场地】，进入场地平面视图。单击【体量和场地】选项卡→【修改场地】面板→【子面域】命令，如图 3-181 所示。

图 3-181 【子面域】命令

进入草图绘制模式，绘制如图 3-182 所示的轮廓。

绘制完轮廓后将【属性】面板的"材质"设置为"场地 - 柏油路",单击【完成子面域】按钮,即完成了子面域道路的绘制,如图 3-183 所示,保存文件。

图 3-182 子面域轮廓绘制

图 3-183 用"子面域"工具创建的道路

过关练习9 ——场地

参照某小别墅的建筑施工图,完成案例模型中场地的绘制,创建地形表面和建筑地坪,完成效果如图 3-184 所示。

图 3-184　某小别墅地形效果图

任务 3.9　构件布置

任务发布

■ **任务描述：**

构件是系统中实际存在的可更换部分，如雨篷、台阶、家具、植物等，室内的家具、家电布置以及场地构件的布局需要讲究整体的搭配与协调。Revit 软件中有"放置构件""内建模型""场地构件"三种构件绘制工具。本任务主要介绍采用"放置构件""内建模型""场地构件"三种工具布置构件的方法。通过家具、家电、绿化等构件的布置，培养学生局部服从整体、个体服从集体、服从规范的思维习惯。

■ **任务目标：**

完成 1 号办公楼构件的布置。

任务实施 3.9.1　放置构件

项目中需要放置的构件在系统族中或通过"族创建"模式已经创建好，可以通过"放置构件"工具放置在项目中。创建族的方法在后续内容中会详细介绍。1 号办公楼的雨篷、家具可以通过"放置构件"工具进行布置。

1. 系统族放置构件

打开上个任务保存的文件，单击【插入】选项卡→【从库中载入】面板→【载

构建布置

入族】命令，如图 3-185 所示，Revit 软件会打开【载入族】对话框，里面有所有的系统族，根据需要选择族即可。如放置家具，可单击"建筑"文件夹→"家具"文件夹→"3D"文件夹，里面包含"床""沙发""柜子"和"桌椅"等家具，如图 3-186 所示，单击"桌椅"文件夹→"桌椅组合"文件夹，选择"风车型办公桌.rfa"文件，单击【打开】按钮，如图 3-187 所示，即完成了"风车型办公桌.rfa"族的载入。

图 3-185 【载入族】命令

图 3-186 家具族库

图 3-187 载入"风车型办公桌.rfa"族

接着打开"楼层平面：F1"视图，单击【建筑】选项卡→【构建】面板→【构件】→【放置构件】命令，在【属性】面板的【类型选择器】中选择"风车型办公桌"，如图3-188所示。

图3-188 【放置构件】命令

在如图3-189所示的位置单击鼠标左键放置"风车型办公桌"即可。

其他房间的构件布置方法相同，在此不再赘述，布置完成后效果如图3-190和图3-191所示。

2. 非系统族放置构件

非系统族的布置与系统族类似，以"雨篷"放置为例，单击【插入】选项卡→【从库中载入】面板→【载入族】命令，在打开的【载入族】对话框中自定义路径找到需要放置的族即可。在此，单击左边的【桌面】→"1号办公楼"文件夹→"族"文件夹→"雨篷.rfa"文件即可，如图3-192、图3-193所示，单击【打开】按钮，即完成了"雨篷.rfa"族的载入。

图3-189 放置"风车型办公桌"

图3-190 系统族布置

图 3-191　系统族布置后三维效果

图 3-192　自定义载入族路径

图 3-193　载入"雨篷"族

单击【建筑】选项卡→【构建】面板→【构件】→【放置构件】命令，在【属性】面板的【类型选择器】中选择"雨篷"，将雨篷的【属性】面板的"立面"参数设置为"3600.0"，单击【编辑类型】按钮，Revit 会打开【类型属性】对话框，将各参数设置为如图 3-194 所示内容，单击【确定】按钮关闭对话框即可。

图 3-194　雨篷参数设置

将光标移到绘图区大门正上方合适位置单击鼠标左键，放置雨篷即可，如图 3-195 和图 3-196 所示。

图 3-195　放置雨篷

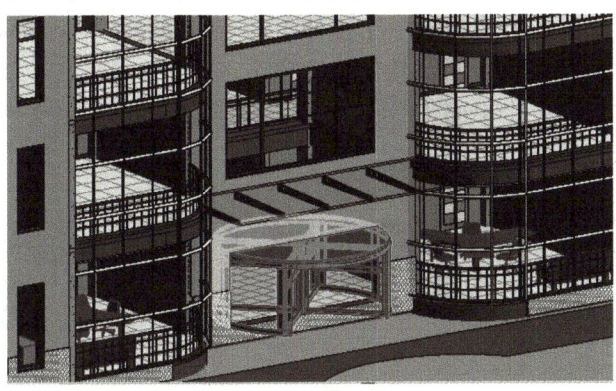

图 3-196　雨篷三维效果

任务实施 3.9.2 布置内建模型

当项目中需要的构件在系统族中没有，也未提前创建好时，可以通过"内建模型"工具在项目中直接创建所需的构件。现以1号办公楼入口处的台阶为例，介绍采用"内建模型"工具创建构件的方法。

单击【建筑】选项卡→【构建】面板→【构件】→【内建模型】命令，如图3-197所示。Revit打开【族类别和族参数】对话框，选择"楼板"类别，单击【确定】按钮，如图3-198所示。软件弹出【名称】对话框，用于命名新建的族类型，设置为"室外台阶"，如图3-199所示。

内建模型——创建台阶

> 布置内建模型需要空间想象能力，同学们要多加练习，保持科学、客观的学习态度。

图3-197 【内建模型】命令

图3-198 【族类别和族参数】对话框

软件进入创建族界面，双击"项目浏览器"中的"楼层平面：F1"，单击【创建】选项卡→【拉伸】命令，单击【设置】命令，如图3-200所示，软件会弹出【工作平面】对话框，选择"拾取一个平面（P）"，单击【确定】按钮，如图3-201所示。

图3-199 【名称】对话框

图3-200 【拉伸】命令和【设置】命令

紧接着将光标移动至绘图区的④轴线处单击鼠标左键，软件打开【转到视图】对话框，选择"立面：西"，单击【打开视图】按钮，如图3-202所示。软件跳转到西立面图，在绘图区绘制如图3-203所示的台阶轮廓，绘制完成后单击【完成创建】按钮，切换到三维模式查看效果，如图3-204所示。此时，发现台阶比较小，打开"楼层平面：F1"视图，选择创建的台阶，通过蓝色三角形控制柄调整台阶的长度，使其与图纸一致，再单击【移动】命令，将台阶移动到正确位置即可，三维效果如图3-205所示。因为图纸要求三面踏步上台阶，故切换到"1F-建筑"视图，单击【创建】选项卡→【空心拉伸】命令，选择"矩形"工具，创建如图3-206所示的空心拉伸，"拉伸起点"为"-50"，"拉伸终点"为"100"，完成效果如图3-207所示。同理，创建如图3-208所示的空心拉伸，"拉伸起点"为"-200"，"拉伸终点"为"100"，完成效果如图3-209所示。台阶的另一边的踏步完全一样处理，在此不再赘述，完成效果如图3-210所示。

图3-201 【工作平面】对话框

图3-202 【转到视图】对话框

图3-203 台阶踏步尺寸

图 3-204 台阶生成效果图

图 3-205 台阶拉伸调整后效果图

图 3-206 台阶第二阶踏步空心拉伸尺寸

图 3-207　台阶第二阶踏步空心拉伸完成效果图

图 3-208　台阶第一阶踏步空心拉伸尺寸

图 3-209　台阶第一阶踏步空心拉伸完成效果图

图 3-210 台阶踏步完成效果图

接着完成台阶平台的绘制,切换到"楼层平面:F1"视图,单击【创建】选项卡→【拉伸】命令,选择"拾取线"工具,拾取如图 3-211 所示的轮廓线,"拉伸起点"设为"-350","拉伸终点"设为"100",单击【完成创建】按钮,再单击【完成模型】按钮,即完成了室外台阶的创建,如图 3-212 所示,保存文件。

图 3-211 台阶平台拾取轮廓线

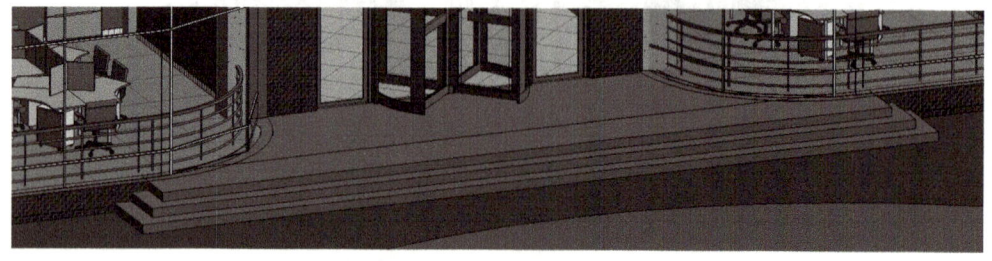

图 3-212 台阶完成效果图

任务实施 3.9.3 布置场地构件

"场地构件"工具可以在地形表面上添加所需要的一系列族,如树、电线杆和消防栓等。可以从系统族中选择场地专用构件,也可以载入自己需要而样板文件中没有的场地构件族。

打开上步操作保存的文件,单击【体量和场地】选项卡→【场地建模】面板→【场地构件】命令,如图 3-213 所示。

图 3-213 【场地构件】命令

软件跳转到【修改|场地构件】选项卡,在【属性】面板中的【类型选择器】中可以选择合适的族,如果没有合适的族可以单击【载入族】,如图 3-214 所示。在弹出的【载入族】对话框中选择需要的场地构件,操作过程和从系统族载入完全相同,在此不再赘述。

图 3-214 插入场地构件

选择了需要的场地构件后,在合适的位置放置族即可,场地构件布置完成的效果如图 3-215 和图 3-216 所示。

图 3-215　场地构件布置

图 3-216　场地构件三维效果

延伸阅读与分享

BIM 技术在港珠澳大桥中的应用

（一）案例简介

港珠澳大桥是一座连接香港、珠海、澳门的超大型跨海通道，全长 55km，设计使用寿命 120 年，总投资约 1200 亿元人民币。大桥于 2009 年 12 月开工建设，于 2018 年 10 月开通营运。BIM 技术在港珠澳大桥中的应用与管理主要有：

1. 路线线形设计。项目组将 Revit 软件与中交第二公路勘察设计研究院自主研发的路线专家系统相结合，以利用路线专家系统的平面坐标、纵断面高程以及坡度计算等功能。

2. BIM 多专业协同设计。拱北隧道 BIM 建模项目由结构专业、交通工程专业、防排水工程专业及路基路面专业协同设计完成。

3. BIM 隧道设计流程。拱北隧道设计可以分为两类：工作井和特殊段建模，其 BIM 建模的主要流程有项目模板、标准构件、路线线形、横断面、管幕及附属构造，最后形成 BIM 设计成果。

4. BIM 模型与出图。基于以上步骤，项目组完成了冻结曲线管幕、暗挖开挖断面 345m^2 拱北隧道 BIM 模型，以及东、西两侧工作井和周边主要建筑物拱北口岸 BIM 模型。

（二）案例点评

本案例主要体现 BIM 技术在大型基建项目上的应用。港珠澳大桥因其超大的建筑规模、空前的施工难度和顶尖的建造技术而闻名世界。通过本案例的讲解，了解到我国的基建能力和水平，认识到基建项目的"中国速度"以及 BIM 技术的强大性，加强对国家发展道路的认可及自豪感，并提高积极学习 BIM 技术的兴趣。

模块四　深化设计

■ **知识目标：**

1. 掌握渲染与漫游的创建方法；
2. 掌握文字和尺寸标注的添加方法；
3. 掌握图纸的创建与布置方式；
4. 掌握导出 CAD 文件的操作过程。

■ **能力目标：**

1. 能够完成渲染与漫游的创建；
2. 能够完成图纸的创建与布置，能够成功地导出 CAD 文件。

■ **素养目标：**

1. 通过漫游场景和图纸布图的精细化布置，培养学生严谨细致、求真务实的学习习惯和科学的工作态度；
2. 培养科学严谨的逻辑思维和精益求精的工匠精神；
3. 培养一丝不苟的工作作风，树立追求卓越的奋斗目标。

任务 4.1　渲染与漫游

> **任务发布**

■ **任务描述：**

　　Revit 中的渲染与漫游操作很简单，但是要达到逼真的渲染效果，需要借助外部渲染器，如 V-Ray 渲染器。渲染视图前先对构件材质进行编辑，然后放置相机调节视图，最后渲染视图。漫游是由许多个帧组成的，每一个帧都是一个相机视图，其实质也是对相机视图的调节。本任务主要学习 Revit 的图像渲染功能以及漫游的制作。通过漫游场景的制作，培养学生科学严谨的逻辑思维和精益求精的工匠精神。

■ **任务目标：**

完成 1 号办公楼三维视图的渲染，并制作一个简单的漫游动画。

任务实施 4.1.1 设置日光及阴影

渲染与漫游之——
设置日光及阴影

"日光路径"是用于显示自然光和阴影对建筑和场地产生的影响的交互式工具。我们可以创建静态的日照分析，即创建特定日期和时间的阴影的静止图像；也可以创建动态的日照分析，即创建动画，显示在自定义的一天或者多天时间段内阴影移动的一系列帧。

打开上个任务保存的文件，打开"三维视图"，在绘图区下方的视图控制栏单击【日光设置】→【打开日光路径】命令，可以激活视图中的日光路径，如图 4-1 和图 4-2 所示。

图 4-1 【打开日光路径】命令

图 4-2 日光路径激活效果

当日光路径被打开后,我们就可以在视图中看到项目样板中预先设置好的默认的日光路径。我们可以通过直接拖拽画面中的"太阳"来模拟不同时间段的光照情况,如图4-3所示。也可以通过修改时间来模拟不同时间段的光照情况,单击日光路径上的时间,即可进入编辑日期状态,输入需要的日期即可模拟最新的日光路径,如图4-4所示。

图4-3 拖拽画面中的"太阳"

图4-4 修改时间

还可以在【日光设置】对话框中进行设置并保存,在视图控制栏单击【日光设置】按钮→【日光设置】命令,如图4-5所示。软件弹出【日光设置】对话框,如图4-6所示。

图4-5 【日光设置】命令

160

图 4-6 【日光设置】对话框

在对话框中,单击【静止】或【一天】或【多天】或【照明】可以创建不同需要的日照分析类型。

1)【静止】:创建显示特定位置和时间的阴影样式的静止图像。例如,设置"地点(L)"为"中国北京","日期(T)"为"2020/6/21","时间"为"12:00",单击【确定】按钮即可查看项目地点为中国北京 2020 年 6 月 21 日 12:00 的阴影样式,如图 4-7 和图 4-8 所示。

图 4-7 【静止】日照设置

图 4-8 【静止】日照实例

2)【一天】：生成一个动画，该动画可显示在特定一天的自定义时间范围内项目位置处阴影的移动过程。例如，可以追踪 2020 年 6 月 4 日 10：00 到 16：00 的阴影，如图 4-9 所示。

图 4-9 【一天】日照设置

3)【多天】：生成一个动画，该动画可显示在自定义天数范围内的某个特定时间范围内项目位置处阴影的效果。例如，可以查看从 2020 年 6 月 1 日到 6 月 4 日期间每天 10：00 到 16：00 的阴影样式，如图 4-10 所示。

图 4-10 【多天】日照设置

4)【照明】：创建显示特定光源位置的阴影样式的静止图像。例如，可以追踪方位角为 135°、仰角为 35°时的阴影，如图 4-11 所示。

图 4-11 【照明】日照设置

完成日照分析设置后单击【确定】按钮，系统会自动计算静态建筑阴影或动画。单击视图控制栏的【打开阴影】命令，可以查看阴影情况，如图 4-12 所示。

图 4-12 【打开阴影】命令

■ 注 意

如果日光设置是"一天"或"多天"，生成动画时，【日光设置】按钮会多出【日光研究预览】命令，选择该命令，Revit 会在选项栏弹出【播放】设置条，单击【播放】按钮即可播放日光动态变化时阴影位置的效果，如图 4-13 所示。

图 4-13 【日光研究预览】命令

任务实施 4.1.2　设置构件材质

在渲染视图之前应该对材质进行编辑设置，现以大理石材质为例进行介绍。

打开上步操作保存的文件，单击【管理】选项卡→【设置】面板→【材质】按钮，进入【材质浏览器】对话框，如图 4-14 所示。从左侧类型选择栏内找到"大理石"并单击鼠标左键，然后单击右侧【外观】选项卡。在对话框中单击【替换命令】进入材质选择面板，从中找到想要创建的大理石材质后单击【确定】按钮，如图 4-15 所示。

图 4-14 【材质】按钮及【材质浏览器】对话框

模块四 深化设计

图 4-15 选择材质操作

认真识图，按设计图纸的要求操作，养成良好的制图习惯

选择【材质浏览器】对话框右侧【图形】选项卡，在【着色】文本框内勾选【使用渲染外观】复选框，将渲染外观用于着色，如图 4-16 所示，单击【确定】按钮完成对"大理石"材质的设置。

图 4-16 "大理石"的材质设置

按照大理石材质的编辑方法为项目内其他所有用到的材质进行编辑。

任务实施 4.1.3 布置相机视图

材质设置完成后开始放置相机，创建相机视图，为渲染做准备。打开"楼层平面: F1"视图，单击【视图】选项卡→【创建】面板→【三维视图】→【相

布置相机视图

165

机】命令,如图 4-17 所示。然后将光标放到视点所在的位置,单击鼠标左键,并朝向视野一侧拖动光标,再次单击鼠标左键,完成相机的放置。放置完成后当前视图会自动跳转到相机视图,如图 4-18 所示。

图 4-17 【相机】命令

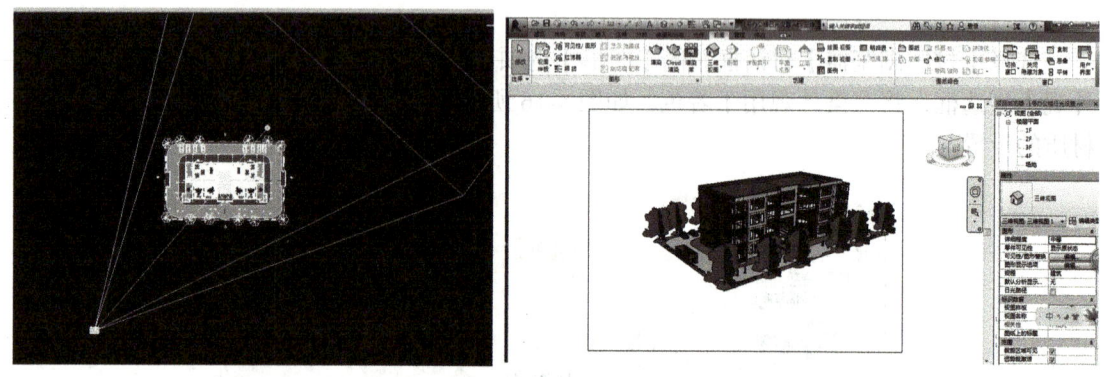

图 4-18 创建相机视图

在相机视图中按住 <Shift> 键,同时按住鼠标滚轮不放,这样即可调节视线的高度与角度。

软件会在"项目浏览器"的"三维视图"中自动新建一个名为"三维视图 1"的视图,单击鼠标右键弹出目录,单击目录下方【重命名】按钮,如图 4-19 所示。软件会弹出【重命名视图】对话框,修改新建相机视图的名称为"正面视图"即可,如图 4-20 所示,保存文件。

任务实施 4.1.4 渲染图像

渲染视图前先进入将要渲染的三维视图,打开上步操作保存的文件,选择"项目浏览器"中"三维视图"下面的"正面视图",打开需要渲染的三维视图。单击【视图】选项卡→【图形】面板→【渲染】命令,如图 4-21 所示。

渲染与漫游之二——
创建渲染

166

图 4-19 重命名　　　　　　　　　　图 4-20 【重命名视图】对话框

图 4-21 【渲染】命令

　　软件会弹出【渲染】对话框，如图 4-22 所示。首先调节渲染出图的质量，单击"质量"栏内"设置"选项栏的下拉菜单，从中选择渲染的标准，渲染的质量越好，需要的时间就会越长，所以要根据需要设置不同的渲染质量标准，此处选择"高"，如图 4-23 所示。

　　在【渲染】对话框中"输出设置"栏内调节渲染图像的分辨率；"照明"设置栏内将"方案"选项栏设置为"室外：仅日光"；"背景"设置栏内可设置视图中"天空：少云"的样式；"图像"设置栏内可调节曝光和最后渲染图像的保存格式及位置。所有参数设置完成后，如图 4-24 所示。

　　单击对话框左上角的【渲染】按钮，开始进入渲染过程，软件自动弹出【渲染进度】对话框，实时显示渲染的进度，如图 4-25 所示。

　　渲染完成后单击对话框下端【导出】命令，弹出【保存图像】对话框，设置图像的保存格式和存放位置，如图 4-26 所示。最后完成图片的渲染，效果如图 4-27 所示。

图 4-22 【渲染】对话框

图 4-23 渲染质量设置

图 4-24 渲染设置

图 4-25 【渲染进度】对话框

模块四 深化设计

图 4-26 导出渲染

图 4-27 渲染完成后效果图

任务实施 4.1.5 创建漫游

渲染与漫游之三——
创建漫游

漫游其实就是在一条漫游路径上，创建很多个活动相机，将每个相机的视图连续播放。因此用户需先创建一条路径，然后调节路径上每个相机的视图。Revit 的 "漫游" 工具会自动设置很多关键相机视图（即关键帧），用户只要调节这些关键帧视图就可以了。

1. 创建漫游路径

首先进入 "楼层平面：F1" 视图，单击【视图】选项卡→【创建】面板→【三维视图】→【漫游】命令，进入漫游路径绘制状态，如图 4-28 所示。将光标放在入口处开始绘制漫游路径，单击鼠标左键插入一个关键点，隔一段距离再单击鼠标左键插入另一个关键点，绘制如图 4-29 所示的一条路径。

图 4-28 【漫游】命令

> 制作动画需
> 要细致、科
> 学、严谨的
> 逻辑思维

图 4-29 漫游路径创建

绘制完漫游路径后单击【修改|相机】选项卡中的【编辑漫游】命令，进入编辑关键帧视图状态，如图 4-30 所示。

图 4-30 【编辑漫游】命令

关键帧视图其实就是一个相机视图，可采用调整相机（在平面视图中调整相机的视线方向和焦距等）的方法将视图调整为所需要的样子。当执行【编辑漫游】命令时系统会默认从最后一个关键帧开始编辑，编辑完成后，用鼠标左键拖拽相机至前一关键帧的位置进行编辑，直至所有关键帧均编辑完成。然后单击【漫游】面板中的【打开漫游】命令，如图 4-31 所示。

图 4-31 【打开漫游】命令

软件会跳转进入漫游三维视图，可以在本视图中调整视角和视图范围。编辑完所有关键帧后单击【属性】面板中的【漫游帧】后面的编辑框，软件会自动打开【漫游帧】对话框，如图 4-32 所示。

图 4-32 【漫游帧】对话框

通过调节"总帧数"等数据来调节漫游的快慢，单击【确定】按钮退出【漫游帧】对话框。

调整完成后，从"项目浏览器"中打开刚刚创建的漫游视图，用光标选定第一张视图的视图框，单击上方【修改|相机】选项卡中的【编辑漫游】命令，如图4-33所示。然后单击【漫游】选项卡中的【播放】按钮，开始播放漫游，如图4-34所示。

图4-33 选择【编辑漫游】命令

图4-34 【播放】命令

2. 导出漫游

编辑完漫游后可导出漫游动画，单击【应用程序菜单】按钮，从下拉选项栏中单击【导出】→【图像和动画】→【漫游】选项，如图4-35所示。

软件弹出【长度/格式】对话框，如图4-36所示，调整对话框中各项参数，如漫游的播放速度、图像显示样式、图像尺寸等，以控制导出的漫游文件的体积。可根据需要调整漫游的清晰程度。

设置完成后单击【确定】按钮后弹出【导出漫游】对话框，如图4-37所示，确定漫游文件的保存位置和导出格式，设置完成后单击【保存】按钮，会弹出一个【视频压缩】对话框，选择漫游视频文件压缩的形式，如图 4-38 所示，选择完压缩的形式后单击【确定】按钮，完成漫游动画文件的导出。

图 4-35 导出漫游

图 4-36 漫游数据设置

图 4-37 【导出漫游】对话框

图 4-38 漫游视频文件压缩形式设置

任务 4.2 文字和尺寸标注

文字与尺寸标注

任务发布

■ 任务描述：

在图形中使用文字可标明图形的各个部分，或是给图形添加必要的注解；使用尺寸标注可以显示对象的测量值，例如基础的长度、柱的直径或建筑物的面积等。通过向图形添加文字和尺寸标注，为施工人员提供足够的图形尺寸信息，帮助其准确理解设计者的整体构思，还可以由此得到工程效果的有关信息。本任务主要学习文字和尺寸标注的添加方法。通过文字和尺寸标注的练习培养学生识图和制图的基本专业素养，培养学生细致耐心、一丝不苟的敬业精神。

■ 任务目标：

完成 1 号办公楼相关视图的文字和尺寸标注的添加。

任务实施 4.2.1 添加文字

在 Revit 软件中，若要记录设计注释信息，可利用文字注释功能，将文字注释添加到图形中；还有一种表达形式是"模型文字"，使用【模型文字】命令可在三维建筑模型体量或墙上创建标志或字母。

1. 文字注释

通过文字注释功能将说明、技术或其他文字注释添加到工程图中，可以插入换行或非换行文字注释，这些注释会在图纸空间中显示而且自动随视图一起缩放。

打开上个任务保存的文件，进入"楼层平面：F1"视图，单击【注释】选项卡→【文字】面板→【文字】命令，添加文字注释，如图 4-39 所示。

图 4-39 【文字】命令

此时，Revit 将会自动切换至【修改|放置文字】选项卡，可以在【格式】面板中选择

合适的引线形式及合适的对齐方式,在视图中选择文字注释的位置,并且输入文字名称,例如"轴线",如图 4-40 所示。

图 4-40　文字注释格式设置

在添加文字注释后,可对其进行编辑以更改其位置或作出其他修改。单击创建完成的文字,Revit 将会自动切换至【修改|文字注释】选项卡,可以在【格式】面板中选择合适的引线及合适的对齐方式,在【属性】面板可以对文字大小、左右附着方式等参数进行设置,如图 4-41 所示,保存文件。

图 4-41　文字注释的编辑

2. 模型文字

模型文字是基于工作平面的三维图元,可在三维建筑模型体量或墙上创建标志或字母。对于能以三维方式显示的族(如墙、门、窗和家具族),可以在项目视图和族编辑器中添加模型文字。模型文字不可用于只能以二维方式表示的族,如注释、详图构件和轮廓族。在

175

Revit 中可以指定模型文字的多个属性，包括字体、大小和材质。

单击【建筑】选项卡→【模型】面板→【模型文字】命令,Revit 会自动弹出【编辑文字】对话框，输入"会议桌"，如图 4-42 所示。单击【确定】按钮，在绘图区合适位置单击鼠标左键即可添加模型文字。

图 4-42　添加模型文字

在添加模型文字后，可对其进行编辑以更改其位置或作出其他修改。单击创建完成的模型文字，Revit 将会自动切换至【修改|常规模型】选项卡，可以在【属性】面板中对文字及其大小、对齐方式、深度等参数进行设置（图 4-43），随后保存文件。

图 4-43　编辑模型文字

任务实施 4.2.2 添加尺寸标注

尺寸标注是在项目中显示的测量值，一般情况下，选择在【注释】选项卡中的【尺寸标注】面板，如图 4-44 所示。

图 4-44　选择【尺寸标注】面板

1. 临时尺寸标注

临时尺寸标注是指在放置图元、绘制线或选择图元时在图形中显示的测量值，如图 4-45 所示。在完成创建或取消选择图元后，这些尺寸标注会消失。在 Revit 中选择了多个图元时不会显示临时尺寸标注和限制条件。

在 Revit 软件中，通过修改临时尺寸标注的数值可以改变构件的位置。也可以将临时尺寸标注转换为永久性尺寸标注，以便其始终显示在图形中。

图 4-45　临时尺寸标注说明

2. 永久性尺寸标注

永久性尺寸标注是一个视图专有的图元，添加到图形中以记录设计的测量值。永久性尺寸标注能够以两种不同的状态显示，即"可修改状态"和"不可修改状态"。若要修改某个永久性尺寸标注，请先选择参照该尺寸标注的几何图形并进行修改。

■ 小提示

类似于其他注释图元，尺寸标注为视图专有图元，不会自动显示在其他视图中。

Revit 中的尺寸标注有"对齐""线性""角度""径向""直径""弧长"等工具，每一个尺寸标注工具都具有不同的特性，可以针对不同的标注情况进行标注，如图 4-46 所示。

以下介绍常用尺寸标注的创建步骤。

（1）添加对齐尺寸标注

可以将对齐尺寸标注用于注释两个或两个以上的平行参照，或者对两个或两个以上的点之间进行标注。

打开上步操作保存的文件，从"项目浏览器"中打开"楼层平面：F2"视图，单击【注释】选项卡→【尺寸标注】面板→【对齐】命令，如图 4-47 所示。

Revit 软件将会切换至【修改 | 放置尺寸标注】选项卡，选择【尺寸标注】面板中的【对

齐】命令，在选项栏中将"拾取"设置为"单个参照点"，在如图 4-48 所示的①轴线、②轴线、③轴线、④轴线、⑤轴线的位置，依次单击鼠标左键进行标注，然后在合适的位置单击鼠标左键放置尺寸标注。

图 4-46 【尺寸标注】面板

图 4-47 【对齐】命令

图 4-48 添加对齐尺寸标注

（2）添加线性尺寸标注

线性尺寸标注主要放置于选定的点之间以测量两点之间的水平或者垂直距离，尺寸标注与视图的水平轴或垂直轴对齐，选定的点是图元的端点或参照的交点。在放置线性尺寸标注时，可以使用弧端点作为参照。

■ 小提示

只有在项目环境中才可用水平标注或垂直标注，无法在族编辑器中创建它们。

线性尺寸标注的创建与对齐尺寸标注完全相同，在此不再赘述。

（3）添加角度尺寸标注

角度尺寸标注主要用于测量共享同一公共交点的多个参照点之间的角度。单击【注释】选项卡→【尺寸标注】面板→【角度】命令，如图 4-49 所示。

图 4-49 【角度】命令

Revit 软件将会切换至【修改|放置尺寸标注】选项卡，选择【尺寸标注】面板中的【角度】命令，在如图 4-50 所示的位置依次单击鼠标左键进行标注。

3. 尺寸标注的尺寸界线

通过调整尺寸标注的尺寸界线可以将尺寸界线移到临时尺寸标注和永久性尺寸标注上，还可以控制永久性尺寸标注的尺寸界线和图元间的间隙。

图 4-50　添加角度尺寸标注

> 尺寸标注是建筑的"语言"，要确保数据精确无误

1）移动临时尺寸标注的尺寸界线：选择一个窗图元，临时尺寸标注将会显示，如图 4-51 所示的小圆圈，即尺寸界线的控制柄，将其拖拽至新的参照上，即可实现不同参照之间的尺寸标注。

2）移动永久性尺寸标注的尺寸界线：选择一个永久性尺寸标注，尺寸界线的中点控制点可以进行移动尺寸界线的操作，用末端控制点可调整尺寸界线的长度，如图 4-52 所示。

图 4-51　临时尺寸标注　　　　　　图 4-52　永久性尺寸标注控制点

任务实施 4.2.3　添加高程点和坡度

Revit 软件中包含"高程点""高程点坐标"和"高程点坡度"三种工具用于显示高程点。使用"高程点"工具可以在平面视图、立面视图、三维视图中放置高程点，还可以显示选定点的高程或图元的顶部（和底部）高程，可以获取坡道、道路、地形表面和楼梯平台的高程点。"高程点坐标"工具会显示选定点的"北/南"和"东/西"坐标，还会显示选定点的

实际高程。"高程点坡度"工具可以在模型的面或边上的特定的点处显示坡度。

1. 高程点

打开上步操作保存的文件,通过"项目浏览器"打开"南立面视图"。单击【注释】选项卡→【尺寸标注】面板→【高程点】命令,如图 4-53 所示。

图 4-53 【高程点】命令

Revit 将会切换至【修改|放置尺寸标注】选项卡,在【属性】面板的【类型选择器】中选择要放置的高程点的类型,在选项栏中勾选(或取消勾选)"引线""水平段",移动光标至视图中,在需要标注的高程点位置单击鼠标左键即完成高程点标注,如图 4-54 所示。

图 4-54 创建"高程点"标注

2. 高程点坐标

"高程点坐标"工具可以显示项目中选定点的"北/南"和"东/西"坐标,可以在楼板、墙、地形表面和边界线上添加高程点坐标,可以将高程点坐标位置放置在非水平表面和非平面边缘上;除坐标外,还可以将高程点坐标与高程点放置在同一位置上显示。

单击【注释】选项卡→【尺寸标注】面板→【高程点坐标】命令。Revit 将会切换至【修改|放置尺寸标注】选项卡,在【属性】面板的【类型选择器】中选择要放置的高程点的类型(即"高程点坐标水平"),在选项栏中勾选(或取消勾选)"引线""水平段",移动光标至

视图中，在需要标注的高程点位置处单击鼠标左键即完成高程点标注，如图 4-55 所示。完成上述操作，按 <Esc> 键两次退出操作。

图 4-55 创建"高程点坐标"标注

另一种"同时显示高程点坐标和高程点"标注仅需将上述操作中的【属性】面板中的【类型选择器】中的高程点坐标类型设为"高程点坐标水平（W-立面）"类型，其他操作完全相同，在此不再赘述，如图 4-56 所示。

图 4-56 创建"同时显示高程点坐标和高程点"标注

3. 高程点坡度

"高程点坡度"工具可以显示图元的面或边上的特定点处的坡度，高程点坡度的标注对象通常包括屋顶、梁和管道，可以在平面视图、立面视图和剖面视图中放置高程点坡度。

打开"屋面"视图，单击【注释】选项卡→【尺寸标注】面板→【高程点坡度】命令，Revit 将会切换至【修改|放置尺寸标注】选项卡，修改选项栏中的"坡度表示"为"箭头"，设置合适的"相对参照的偏移"，在【属性】面板的【类型选择器】中选择高程点坡度类型为"坡度"，将光标移动至视图需要标注的位置，单击鼠标左键即完成标注的创建，如图 4-57 所示。

图 4-57 创建"高程点坡度"标注

任务实施 4.2.4 添加符号

符号是注释图元或其他对象的图形表示,在视图和图例中使用注释符号来传达详细设计信息,使用"符号"工具可以直接在项目视图中放置二维注释符号。单击【注释】选项卡→【符号】面板,面板中有多种符号工具,根据需要进行选用,在【属性】面板选择需要放置的符号类型,然后在绘图区单击即可放置,如图 4-58 所示。

图 4-58 【符号】面板

任务实施 4.2.5 添加标记

标记是用于在图纸中识别图元的注释,使用"标记"工具将标记附着到选定图元,与标记相关联的属性会显示在明细表中。在项目中,标记通常有"按类别标记"和"全部标记"两种形式,可在【注释】选项卡中的【标记】面板中进行选择,如图 4-59 所示。

图 4-59 【标记】面板

对于尚未标记的图元通过这两个工具标记后,即可出现图元标记,该功能在门窗标记中使用较多，下面以门标记为例进行讲述。打开上步操作保存的文件，通过"项目浏览器"进入"楼层平面：2F"视图，单击【注释】选项卡→【标记】面板→【全部标记】命令，如图 4-60 所示，Revit 会自动弹出【标记所有未标记的对象】对话框，选择"当前视图中的所有对象"，并选中"门标记"类别，如图 4-61 所示，单击【确定】按钮，即完成对当前视图所有门的标记，如图 4-62 所示。

图 4-60 【全部标记】命令

图 4-61 【标记所有未标记的对象】对话框

183

图 4-62 添加"门标记"

任务 4.3 图纸生成和输出

任务发布

图纸生成和输出

■ **任务描述：**

在 Revit 平台中，所搭建的建筑信息模型可以创建不同的视图，模型中的每一个平面视图、立面视图、剖面视图、三维视图等都是一个视图。在模型中，所有的图纸、二维视图和三维视图以及明细表都是同一个基本模型数据库的信息表现形式，修改某个视图的模型时，Revit 会在整个项目中同步这些修改。

Revit 是一款参数化的三维设计软件，本任务将以某样板房工程为例，详细讲解在用 Revit 创建样板房三维模型后，如何对模型进行相关的平面图、立面图、剖面图等二维图纸的生成和输出。样板房模型在本书配套资源中下载。通过图纸空间的精细化布置，培养学生科学严谨的逻辑思维和精益求精的工匠精神。

■ **任务目标：**

完成某样板房工程相关图纸的生成与输出。

任务实施 4.3.1 生成平面图、立面图、剖面图

1. 生成平面图

（1）创建视图

在进行施工图阶段的图纸绘制时，建议对含有三维模型的平面视图进行复制，将二维图元（含房间标注、尺寸标注、注释等）的信息绘制在新的平面视图中，以便于进行统一性的

管理。具体操作如下：

1）在"项目浏览器"中右击"楼层平面：F1"视图，在弹出的菜单中选择【复制视图】→【带细节复制】，如图4-63所示。

2）在"项目浏览器"中右击自动生成的"F1副本1"视图，在弹出的菜单中选择【重命名】命令，将该视图重命名为"一层平面图"，如图4-64、图4-65所示。

（2）尺寸标注

1）轴线标注：在新创建的一层平面图中，选择【注释】→【尺寸标注】→【对齐】命令，依次选择相关轴线，进行标注，标注完成结果如图4-66所示。

图4-63 复制"楼层平面：F1"视图

图4-64 【重命名】命令

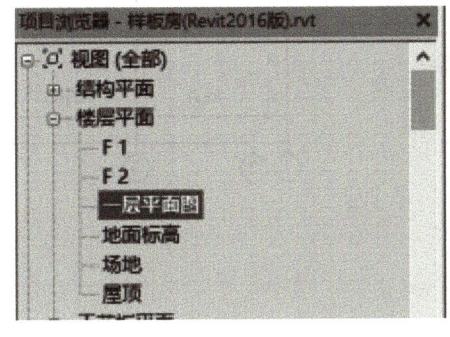

图4-65 视图重命名结果

2）门窗尺寸标注。

① 在新创建的一层平面图中，选择【注释】→【尺寸标注】→【对齐】命令，依次对一层平面图上方墙体的窗户进行尺寸标注，标注完成结果如图4-67所示。

② 图4-67中的窗户尺寸标注数值有相互遮挡的地方，选择数值为"355"的尺寸标注文字，用光标拖动数值下方的蓝色圆点，调整该尺寸标注的位置，如图4-68所示。同理，可调整数值为"245"的尺寸标注文字的位置。

③在新创建的一层平面图中，选择【注释】→【尺寸标注】→【对齐】命令，完成一层其他门窗的尺寸标注，如图4-69所示。

图 4-66 轴线标注

图 4-67 部分窗尺寸标注

图 4-68　尺寸标注文字位置调整

图 4-69　一层窗尺寸标注

3）楼梯部位的特殊标注：在"一层平面图"视图中对楼梯间进行尺寸标注，选取楼梯梯段的标注，双击【尺寸标准文字】按钮，弹出【尺寸标注文字】对话框后，在"尺寸标注值"选项组中选择"以文字替换"单选框，输入自定义的尺寸标注文字"280*11=3080"，单击【确定】按钮保存，如图 4-70 和图 4-71 所示。

图 4-70 【尺寸标注文字】对话框

图 4-71 楼梯部位标注

4）高程点（标高）标注。

① 在一层平面图中，选择【注释】→【尺寸标注】→【高程点】命令，如图 4-72 所示。

图 4-72 【高程点】命令

② 在一层平面图中，连续三次单击室内楼板任意一点，放置高程点，如图 4-73 所示。

图 4-73 放置高程点

③选择第②步创建的高程点,在关联的属性栏中,下拉选择高程点类型为"正负零高程点(项目)",如图 4-74 所示。

图 4-74 修改高程点

④同理,完成室外楼板高程点的标注,如图 4-75 所示。

图 4-75 室外楼板高程点标注

(3)文字注释

1)在一层平面图中,选择【注释】→【文字】→【文字】命令,如图 4-76 所示。

2)在属性栏中下拉选择文字类型为"仿宋_5mm",如图 4-77 所示。

3)在一层平面图中客厅区域内放置文字框,输入文字"客厅",单击绘图区其他位置退出当前文字编辑，如图 4-78 所示。

图 4-76　文字注释菜单

图 4-77　文字类型选择

图 4-78　放置文字注释

4）同理，完成一层其他房间的文字注释，如图 4-79 所示。

图 4-79　一层其他房间文字注释

（4）名称注释

1）在一层平面图中，选择【注释】→【文字】→【文字】命令，在属性栏中下拉选择文字类型为"仿宋_7mm"，如图 4-80 所示。

2）在一层平面图正下方区域放置文字框，输入文字"一层平面图　1：100"，单击绘图区其他位置，退出当前文字编辑，如图 4-81 所示。

3）单击快速访问工具栏，取消"细线"模式，选择【注释】→【详图】→【详图线】命令，如图 4-82 所示。

图 4-80　文字类型选择

一层平面图　1：100

图 4-81　文字注释放置

图 4-82　【详图线】命令

4）在关联的【修改|放置详图线】面板中，选择【直线】命令，在【线样式】一栏下拉选择线样式为"宽线"，如图 4-83 所示。

5）在"一层平面图"文字下方，水平绘制一条宽线，如图 4-84 所示。

图 4-83　线样式选择

图 4-84　宽线绘制

6）同理，使用【详图线】命令，在关联的【修改|放置详图线】面板中，选择【直线】命令，在【线样式】一栏下拉选择线样式为"细线"，在刚绘制的宽线下水平绘制一条等长的细线，如图 4-85 所示。

一层平面图　1：100

图 4-85　细线绘制

（5）立面符号处理

在一层平面图中，有东西南北四个立面符号，而在施工图中无须立面符号，因此，需将这四个立面符号隐藏。具体操作步骤如下：

1）单击选中任意一个符号，使用快捷键<S+A>全选所有立面符号，如图4-86所示。

2）单击鼠标右键，在弹出的菜单栏中选择【在视图中隐藏】→【图元】，即可隐藏一层平面图中所有的立面符号，如图4-87所示。

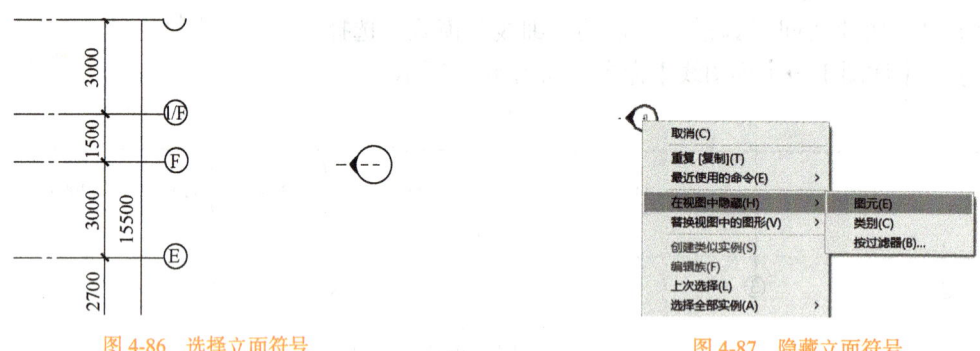

图4-86　选择立面符号　　　　　　　　图4-87　隐藏立面符号

2. 生成立面图

Revit可以自动生成建筑立面视图，在此基础上进行尺寸标注、文字注释、高程点注释等操作后即可完成立面施工图。

（1）标高标头处理

1）切换至南立面视图，选择屋顶标高，勾选标高左侧的复选框，如图4-88所示。

图4-88　复选屋顶标高

2）同理，对其他标高也勾选标高左侧的复选框，结果如图4-89所示。

图4-89　复选其他楼层标高

（2）处理立面轴线

1）在南立面视图中选择轴线，单击轴线旁的"3D"字样，将轴线切换为"2D"，如图 4-90 所示。

2）用光标拖拽轴线上的蓝色小圆点，将其拖至与地面标高平齐，如图 4-91 所示。

图 4-90 切换轴线为"2D"样式　　　　　图 4-91 调整①轴线位置

3）使用上述方法，将所有轴线拖至与地面标高平齐，如图 4-92 所示。

图 4-92 调整所有轴线位置

（3）尺寸标注

在南立面图中，选择【注释】→【尺寸标注】→【对齐】命令，完成标高的尺寸标注，如图 4-93 所示。

（4）高程点注释

在南立面图中，选择【注释】→【尺寸标注】→【高程点】命令（高程点放置方法在前文已经讲述，不再赘述），完成南立面图各高程点的注释，如图 4-94 所示。

图 4-93 标高尺寸标注

图 4-94 南立面图高程点注释

（5）立面图名称注释

立面图名称注释的方法与平面图名称注释的方法相同，不再赘述。注释完成后，如图 4-95 所示。

3. 生成剖面图

剖面图是项目表现设计的一个重要手段，Revit 软件中的剖面视图不需要一一绘制，只需要绘制剖面线就能自动生成，并可以根据需要任意剖切。

图 4-95 南立面图名称注释

（1）创建剖面图

1）在"项目浏览器"中切换至"楼层平面：F1"视图，选择【视图】选项卡→【创建】面板→【剖面】命令，如图4-96所示。

图4-96 【剖面】命令

2）Revit会自动切换至【修改|剖面】选项卡，在楼梯间楼梯处，将光标放置在剖面的起点处单击鼠标左键，并拖拽光标穿过楼梯，再次单击鼠标左键确定剖面的终点，如图4-97所示。

图4-97 确定剖面位置

3）这时，单击刚绘制的剖面线将出现裁剪区域，如图4-98所示。

图4-98 剖面裁剪区域

4）如果需要，可通过拖拽蓝色控制柄来调整裁剪区域的大小，剖面视图的深度也会作出相应的变化。

5）如果需要，可以单击【翻转剖面】图标修改剖面视图方向，如图4-99所示。

图4-99 【翻转剖面】图标

6）在"项目浏览器"中，双击"剖面1"切换至剖面1视图，如图4-100所示。

7）单击选择剖面框，剖面框四条边都会出现蓝色小圆点，如图4-101所示。

图4-100 剖面1视图　　　　　　　　　图4-101 选择剖面框

8）拖拽这些蓝色小圆点，可以调整剖面图的视图范围，如图4-102所示。

9）调整完成后，选中剖面框，单击鼠标右键，在弹出的菜单中选择"在视图中隐藏"→"图元"，隐藏剖面框。

（2）剖面图标注、注释

对剖面视图进行尺寸标注、高程点注释、视图名称命名等操作，操作方法在生成平面图部分已详细讲述,此处不再赘述,操作完成后结果如图 4-103 所示。

图 4-102　调整剖面图的视图范围

图 4-103　剖面图标注、注释

任务实施 4.3.2　创建明细表

创建明细表

1. 明细表的基本概念

（1）基本定义

明细表通过表格的形式展现模型图元的参数信息,对于项目的任何修改,明细表都将自动更新,以反映这些修改,同时,还可以将明细表添加到图纸中。

选择【视图】→【创建】→【明细表】命令,可以看到所有明细表类型,常用的明细表类型有两种，具体如下：

1）明细表/数量：针对建筑构件按类别创建的明细表，如门、窗等明细表，可以列出项目中所有门窗的个数、类型等常用信息，如图4-104所示。

2）材质明细表：除了具有"明细表/数量"的所有功能外，还能针对建筑构件的子构件的材质进行统计，如图4-105所示。

> 要保证信息数据精确无误，作图过程要严谨、细致

图4-104 门明细表

图4-105 材质明细表

（2）明细表提取的数据来源

明细表提取的数据来源主要有：项目参数、共享参数、族系统定义的参数。

■ 小提示

在创建可载入族的时候，用户自定义的参数不能在明细表中被读取，必须以共享参数的形式创建，才能在明细表中读取。

2. 明细表创建的基本流程

下面以样板房工程的门明细表为例讲解明细表创建的基本流程，具体操作步骤如下：

1）选择【视图】→【创建】→【明细表】→【明细表/数量】命令，如图4-106所示。

图4-106 明细表菜单

2）在弹出的【新建明细表】对话框中，"过滤器列表"选择"建筑"，"类别"选择"门"，单击【确定】按钮，如图4-107所示。

3）在【明细表属性】对话框【字段】选项卡中，从"可用的字段"栏中依次选择"类型""类型标记""宽度""高度""标高""底高度""合计"等字段，单击【添加参数】按钮将字段添加至"明细表字段（按顺序排列）"栏中，同时可以通过【上移】和【下移】按钮对字段进行排序，排序完成后如图4-108所示。

4）在【明细表属性】对话框【排序/成组】选项卡中，"排序方式"一栏选择"类型"，"否则按（T）"一栏选择"标高"，单击【逐项列举每个实例】左侧复选框，让其处于不勾选的状态，如图4-109所示。

图 4-107　新建门明细表

图 4-108　明细表字段添加与排序

5）在【明细表属性】对话框【格式】选项卡中，"字段"栏选择"高度"，单击【条件格式】按钮，在【条件格式】对话框中设置凡是高度等于 2100mm 的都在明细表中标为红色，如图 4-110 所示。

图 4-109　【排序/成组】选项卡

图 4-110　明细表条件格式设置

6）在【明细表属性】对话框【过滤器】选项卡和【外观】选项卡中，采用系统默认设置，最后单击【明细表属性】对话框中的【确定】按钮，完成门明细表的编制，如图 4-111 所示。

\<门明细表\>						
A	B	C	D	E	F	G
类型	类型标记	宽度	高度	标高	底高度	合计
JLM3024	JLM3024	3000	2400	F1	0	1
M0921	M0921	900	2100	F1	0	5
M0921	M0921	900	2100	F2	0	8
M1521	M1521	1500	2100	F1	0	6
M1521	M1521	1500	2100	F2	0	1

图 4-111　门明细表

任务实施 4.3.3 设置布图和出图样式

1. 创建图纸

下面以样板房模型为例讲解图纸的创建过程，具体操作步骤如下：

1）选择【视图】→【图纸组合】面板→【图纸】命令，如图 4-112 所示。

图 4-112 新建图纸菜单

2）Revit 将会自动弹出【新建图纸】对话框，在"选择标题栏"中选择"A1 公制"，单击【确定】按钮，如图 4-113 所示。

3）Revit 在视图中创建了一张图纸视图，在"项目浏览器"中的"图纸"下拉列表中自动添加了图纸"J0-3-未命名"，如图 4-114 所示。

图 4-113 【新建图纸】对话框

2. 设置项目信息

1）切换至【管理】选项卡→【设置】面板→【项目信息】命令，如图 4-115 所示。

2）在弹出的【项目属性】对话框中，可以对项目信息的对应参数进行设置，将项目信息录入其中，单击【确定】按钮完成项目信息的录入，如图 4-116 所示。

按步骤操作"慢慢来"，反而比较快，因为不易出错

图 4-114 图纸视图

图 4-115 【项目信息】命令

图 4-116 项目信息录入

3. 布置视图

1）在"项目浏览器"中的"图纸"下拉列表中选中图纸"J0-3- 未命名",单击鼠标右键,在关联菜单中选择"重命名",将图纸重命名为"建施 -01- 一层平面图",如图 4-117 所示。

图 4-117 图纸重命名

2）选择【视图】选项卡→【图纸组合】面板→【视图】命令，如图4-118所示。

图4-118 【视图】命令

3）在弹出的【视图】对话框中，选择"楼层平面：一层平面图"，然后单击【在图纸中添加视图】按钮，如图4-119所示。

4）在图框中移动光标时，所选视图的视口会跟随一起移动，单击鼠标左键将视口放置在所需的位置上，如图4-120所示。

5）同理，可以通过创建新的图纸和"视图"工具，创建二层平面图、东立面图、西立面图等图纸，不再赘述。

图4-119 添加视图

图4-120 放置视口

6）选中图纸视口中的"一层平面图"标题，在关联的属性栏中显示当前视口为"有线条的标题"，单击【类型选择器】下拉列表选择"视口"类型为"无标题"，如图4-121所示，结果如图4-122所示。

图 4-121　视口类型的选择

图 4-122　无标题视口结果

任务实施 4.3.4　打印输出

打印输出

1. 打印

1）选择【应用程序菜单】按钮，选择【打印】选项，视图框中会显示"打印""打印预览"和"打印设置"选项，如图4-123所示。

2）单击【打印】按钮，选择打印机名称为"Microsoft Print to PDF"，单击【确定】按钮,在弹出的【将打印输出另存为】对话框中,保存文件名为"建施-01-一层平面图",如图4-124和图4-125所示。

2. 导出DWG与导出设置

1)选择【应用程序菜单】按钮,选择【导出】选项→【CAD格式】→【DWG】,如图4-126所示。

2)在弹出的【DWG导出】对话框中选择【修改导出设置】按钮,如图4-127所示,Revit将自动弹出【修改DWG/DXF导出设置】对话框,如图4-128所示。

3)选择【修改DWG/DXF导出设置】对话框中【层】选项卡,此处的"层"相对应的是导出AutoCAD中的图层名称,用户可以对各类别的图层与颜色进行修改,也可以通过"根据标准加载图层"菜单的"从以下文件加载设置"导入标准,如图4-129所示。

图4-123 打印菜单

图4-124 打印选项设置

图4-125 文件保存

4)修改导出颜色:选择【颜色】选项卡,其中颜色有两种,分别为"索引颜色"和"真彩色",用户可根据需求进行选择,如图4-130所示。

5)完成"修改DWG/DXF导出设置"后,单击【确定】按钮,在【DWG导出】对话框中单击【下一步】按钮,如图4-131所示。在弹出的【导出CAD格式-保存到目标文件夹】对话框中修改"文件名/前缀"的名称,在"文件类型"中修改需要保存的CAD版本,去掉"将图纸上的视图和链接作为外部参照导出"左侧复选框的"√",单击【确定】按钮,完成DWG图纸的导出,如图4-132所示。

模块四 深化设计

图 4-126 导出菜单

图 4-127 导出设置

205

图 4-128 【修改 DWG/DXF 导出设置】对话框

图 4-129 【层】选项卡设置

图 4-130 【颜色】选项卡设置

图 4-131　完成导出设置

图 4-132　导出 DWG 图纸

延伸阅读与分享

BIM 技术应用于亚洲最大的生活垃圾发电厂

（一）案例简介

位于上海的老港再生能源利用中心是亚洲地区最大的生活垃圾发电厂。在垃圾焚烧厂

207

房设计中，往往会遇到管道庞大且复杂设备布置要求相对集中等困难，若沿用传统的设计方案，很有可能造成工程重复返工、资源浪费等，不符合绿色减排要求。老港再生能源利用中心项目运用了 BIM 技术进行施工设计，使其在设计过程中节约了 9 个月时间，并且通过对模型的深化设计，节约成本数百万元，实现了绿色施工和节能减排，响应了国家号召。

BIM 技术在项目中的应用如下：

1. 三维建模。在项目前期，对暖通、电气、给水排水、热机等专业进行 BIM 三维设计，并利用协同工作的方式将模型整合并进行模型检查，使设计过程直观、高效。

2. 碰撞检测。通过 BIM 技术一键获得检测报告，然后根据碰撞检测结果对原设计进行综合管线调整，并进行人工审核，从而得到修改意见。

3. 解决主要问题。得到碰撞检测结果后，便可得出碰撞检测报告。BIM 技术的碰撞检测提供了水系统管径过滤的功能，可以借助该功能对碰撞位置按重要性进行分级，第一时间抓住主要矛盾，解决主要问题。

4. 系统调试。当完成综合管线调整后，便可在 BIM 模型的基础上进行系统调试，以校核模型中的设备是否能够按照设计方案正常运行。利用模型中的真实产品构件，进行系统的运行工况模拟，从而获得准确的设备工作状态点（如阀门的开启程度等），从而对系统方案进行深层优化，在传统深化设计的基础上达到绿色减排的效果。

（二）案例点评

本案例主要体现 BIM 技术在老港再生能源利用中心项目中的应用。通过本案例的讲解，了解到 BIM 技术在实际项目中是如何避免工程重复返工、减少资源浪费的，体现其缩短工期、节约造价的价值，认识到 BIM 技术的重要性，激发主动学习的兴趣，培养不畏艰难、勇于突破的精神。

模块五　体量与族

■ 知识目标：
1. 了解体量创建的流程及参数化设计的思路；
2. 掌握体量创建的方法；
3. 掌握族创建的基本方法，并会创建二维族、三维模型族及嵌套族。

■ 能力目标：
1. 能够完成体量创建；
2. 能够完成常见的二维族、三维模型族及嵌套族的创建。

■ 素养目标：
1. 培养严密的逻辑思维；
2. 培养严谨细致、求真务实的学习习惯和科学的工作态度；
3. 培养创新精神，鼓励勇于打破固定思维，激发发散思维。

任务5.1　体量

任务发布

■ 任务描述：

体量是一种特殊的族，是在建筑模型的初始设计中使用的三维形状。通过体量研究，可以使用造型形成建筑模型的概念，从而探究设计的理念。概念设计完成后，可以直接将建筑图元添加到体量中。本任务主要讲述体量创建的基本原理及方法。掌握两种创建体量的方式，学会区分二者的差别。通过本任务的学习，培养学生创新精神，鼓励学生勇于打破固定思维，激发发散思维。

■ **任务目标：**

完成相关体量实例的创建。

知识准备 5.1.1 体量简介

Revit 提供了两种创建体量的方式：一种是内建体量，另一种是创建体量族后载入项目中使用，二者创建形体的方式一致。当需要在一个项目中放置多个相同体量，或者在多个项目中使用同一体量族时，通常使用可载入体量族。

内建体量时，可直接单击【体量和场地】选项卡中的【内建体量】命令，如图 5-1 所示；要创建体量族，应选择"公制体量 .rft"样板文件进行创建，如图 5-2 所示。

图 5-1 【内建体量】命令

图 5-2 【选择样板文件】对话框

任务实施 5.1.2 内建体量实例

按照给定尺寸在项目中应用"内建体量"功能建立楼板，如图 5-3 所示。

尺寸条件如下：
1）共三层标高，高程分别为 ±0.000m、4.000m 和 8.000m。
2）三层轮廓均为正方形，边长由下到上分别为 10000mm、12000mm 和 16000mm。
在项目中应用"内建体量"功能建立墙（尺寸同上），如图 5-4 所示。

图 5-3　楼板

图 5-4　墙

在项目中应用"内建体量"功能建立屋顶（尺寸同上），如图 5-5 所示。
该内建体量实例具体创建步骤如下。

内建体量实例

图 5-5　屋顶

1）打开建筑样板，根据给定条件建立标高，如图 5-6 所示。
2）单击【内建体量】按钮并重命名，进入编辑模式，如图 5-7 所示。

图 5-6　创建标高

图 5-7　内建体量重命名

3）进入标高 1 并按照给定尺寸绘制参照线，如图 5-8 和图 5-9 所示。
4）进入标高 2 和标高 3，保持图形中心不变按照边长 12000mm、16000mm 绘制参照线，

211

完成效果如图 5-10 所示。

图 5-8　调用【参照】命令绘制参照线　　　　图 5-9　标高 1 参照线

5）进入标高 1，单击【绘制】面板中的【模型】命令，沿第 3）步创建的参照线绘制矩形模型线，如图 5-11 所示。

图 5-10　参照线三维视图　　　　图 5-11　标高 1 矩形模型线

6）同理完成标高 2 和标高 3 矩形模型线的绘制，删除所有的参照线，结果如图 5-12 所示。

7）在三维视图中，框选所有矩形模型线，单击【创建形状】→【实心形状】命令，如图 5-13 所示。

8）单击【完成体量】按钮退出编辑状态。

图5-12 矩形模型线三维视图

图5-13 创建实心形状

9）单击制作完成的体量并在关联选项卡处单击【体量楼层】命令，在弹出的对话框中勾选"标高1""标高2""标高3"，单击【确定】按钮，完成效果如图5-14所示。

10）单击【体量和场地】选项卡下的【楼板】命令，框选楼层部分并单击关联选项卡下的【创建楼板】命令（楼板设置部分在此处不详述），如图5-15和图5-16所示，楼板效果图如图5-17所示。

图5-14 体量三维视图

11）单击【体量和场地】选项卡下的【墙】命令，如图5-18所示；单击体量的侧面生成墙体（墙体设置部分在此处不详述），墙体效果图如图5-19所示。

12）单击【体量和场地】选项卡下的【屋顶】命令，选择体量顶部部分并单击关联选项卡下的【创建屋顶】命令（屋顶设置部分在此处不详述），如图5-20和图5-21所示，屋顶效果图如图5-22所示。

图5-15 【楼板】命令

图5-16 【创建楼板】命令

图5-17 楼板三维视图

图5-18 【墙】命令

图 5-19 墙三维视图

图 5-20 【屋顶】命令

图 5-21 【创建屋顶】命令

图 5-22 屋顶三维视图

任务实施 5.1.3 创建体量族实例

根据图 5-23 中给定的投影尺寸，创建形体体量模型，基础底标高为 –2.100m，设置该模型材质为混凝土。请将模型文件以"杯型基础"为文件名保存。

该杯型基础体量族实例具体创建步骤如下。

1）单击 Revit 界面左上角的 【应用程序菜单】按钮→【新建】→【概念体量】→选择"公制体量.rft"族样板，单击【打开】按钮，如图 5-24 所示。

创建体量族

2）单击功能区中【创建】→【绘制】→【平面】命令，绘制如图 5-25 所示的 4 条参照平面。

3）单击功能区中【创建】→【绘制】→【模型】命令，单击【矩形】，绘制如图 5-26 所示矩形轮廓。选择刚绘制的矩形轮廓，在关联的选项卡中依次单击【创建形状】→【实心形状】，完成长方体形状的创建，如图 5-27 所示。

4）切换至东立面，使用 <R+P> 快捷键在标高 1 上方 1600mm 的位置创建参照平面，使用【对齐】命令将长方体形状上部与所绘制的参照平面对齐，如图 5-28~图 5-30 所示。

5）切换至南立面，使用 <R+P> 快捷键绘制如图 5-31 所示的 3 条参照平面。

6）将视图样式切换至"线框"模式，单击功能区中【创建】→【绘制】→【模型】，使用【直线】命令绘制如图 5-32 所示梯形轮廓。单击绘制的梯形轮廓，在关联的选项卡中依次单击【创建形状】→【空心形状】，完成空心梯形形状的创建，如图 5-33 所示。

7）切换至西立面视图，选择第 6）步绘制的空心梯形形状右侧的造型操纵柄，如图 5-34 所示，单击鼠标左键按住水平方向箭头，往右拉至体量形状的右边缘，效果如图 5-35 所示。

模块五 体量与族

图 5-23 杯型基础图纸

图 5-24 新建公制体量

图 5-25 绘制参照平面　　　　图 5-26 绘制矩形轮廓

图 5-27 【实心形状】命令

图 5-28 东立面视图

图 5-29 【对齐】命令

图 5-30 对齐

图 5-31 绘制参照平面

图 5-32 绘制梯形轮廓

图 5-33 【空心形状】命令

图 5-34 造型操纵柄

8) 在西立面中，使用<Tab>键切换选中第7) 步绘制的体量形状左侧的造型操纵柄，如图 5-36 所示，单击鼠标左键按住水平方向箭头，往左拉至体量形状左边缘，效果如图 5-37 所示。

9) 切换至南立面视图，选择第 6) 步绘制的空心梯形形状轮廓，如图 5-38 所示，单击【修改|空心形状图元】选项卡下的【镜像-拾取轴】命令，拾取垂直中心参照线，完成空心梯形形状的镜像，如图 5-39 所示。

图 5-35 往右拉伸造型操纵柄

图 5-36　使用<Tab>键切换选中造型操纵柄

图 5-37　往左拉伸造型操纵柄

图 5-38　空心梯形形状轮廓

图 5-39　空心梯形形状的镜像

10）切换至东立面视图，使用<R+P>快捷键绘制如图 5-40 所示的参照平面。

11）将视图样式切换至"线框"模式，单击功能区中【创建】→【绘制】→【模型】命令，使用【直线】命令绘制如图 5-41 所示梯形轮廓。单击绘制的梯形轮廓，在关联的选项卡中依次单击【创建形状】→【空心形状】，完成空心梯形形状的创建，如图 5-42 所示。

12）切换至南立面视图，将视图样式修改为"带边框着色"模式，选择第 11）

图 5-40　绘制参照平面

步绘制的空心梯形形状左侧的造型操纵柄，如图 5-43 所示，单击鼠标左键拖住水平方向箭头，往左拉至体量形状左边缘，效果如图 5-44 所示。

13）在南立面视图中，使用<Tab>键切换选中第 12）步绘制的体量形状右侧的造型操纵柄，如图 5-45 所示，单击鼠标左键按住水平方向箭头，往右拉至体量形状右边缘，效果如图 5-46 所示。

图 5-41 梯形轮廓

图 5-42 【空心形状】命令

图 5-43 造型操纵柄

图 5-44 往左拉伸造型操纵柄

图 5-45 使用<Tab>键切换选中造型操纵柄

图 5-46 往右拉伸造型操纵柄

14）切换至东立面视图，使用<Tab>键选择第 11）步绘制的空心梯形形状轮廓，如图 5-47 所示，单击【修改|空心形状图元】选项卡下的【镜像-拾取轴】命令，拾取垂直中心参照线，完成空心梯形形状的镜像，如图 5-48 所示。

图 5-47 选择空心梯形形状轮廓

图 5-48 空心梯形形状的镜像

15）在东立面中，使用<R+P>快捷键在标高 1 上方 400mm 位置绘制一个参照平面，如图 5-49 所示。

图 5-49 绘制参照平面

16)单击【工作平面】面板的【设置】选项,选择"拾取一个平面",如图 5-50 所示,单击第 15)步绘制的参照平面,在弹出的【转到视图】对话框中,选择"楼层平面:标高 1",单击【打开视图】按钮,如图 5-51 所示。

图 5-50 【工作平面】对话框

图 5-51 【转到视图】对话框

17)在标高 1 中,使用 <R+P> 快捷键绘制如图 5-52 所示的 4 个垂直参照平面。

18)单击功能区中【创建】→【绘制】→【模型】命令,单击 【在工作平面上绘制】按钮,如图 5-53 所示,使用【矩形】命令绘制如图 5-54 所示矩形轮廓。

图 5-52 绘制参照平面

图 5-53 【在工作平面上绘制】按钮

19）删除第 17）步绘制的 4 个垂直参照平面，绘制两个垂直参照平面，调整每个垂直参照平面到垂直中心线的距离为 530mm；绘制两个水平参照平面，调整每个水平参照平面到水平中心线的距离为 330mm，如图 5-55 所示。

20）单击功能区中【创建】→【绘制】→【模型】命令，单击【在面上绘制】按钮，如图 5-56 所示，使用【矩形】命令绘制如图 5-57 所示矩形轮廓。

图 5-54　绘制矩形轮廓

图 5-55　绘制新的参照平面

图 5-56　【在面上绘制】按钮

图 5-57　绘制新的矩形轮廓

21）切换至三维视图，将视图样式改为"线框"模式，如图 5-58 所示。

22）在三维视图中，按 <Ctrl> 键选中前面步骤绘制的两个矩形轮廓，在关联选项卡中单击【创建形状】→【空心形状】命令，如图 5-59 所示。将视图样式改为"带边框着色"模式，三维效果如图 5-60 所示。

图 5-58　"线框"模式

图 5-59 选择轮廓

图 5-60 "带边框着色"模式下的三维视图

23）在三维视图中，按 <Tab> 键选中杯型基础，在【属性】面板中单击"材质"一栏右侧的 按钮，如图 5-61 所示。

图 5-61 【属性】面板

24）在弹出的【关联族参数】对话框中，单击【添加参数】按钮，如图 5-62 所示。将【参数属性】对话框中"名称"一栏设置为"杯型基础材质"，依次单击【确定】按钮保存参数设置，如图 5-63 所示。

25）单击【族类型】按钮，在弹出的【族类型】对话框中，设置杯型基础材质为混凝土，如图 5-64 和图 5-65 所示。

26）由于基础底标高为 –2.1m，现在绘制的基础底标高为 0m，故需将绘制的杯型基础整体向下移动 2100mm。具体操作步骤：切换至东立面视图，框选杯型基础，如图 5-66 所示，单击【修改】选项卡→【移动】命令，将杯型基础垂直向下移动 2100mm，如图 5-67 所示，结果如图 5-68 所示。

图 5-62 【关联族参数】对话框

图 5-63 参数属性设置

图 5-64 【族类型】对话框

图 5-65 选择材质

图 5-66 框选杯型基础

图 5-67 移动杯型基础

图 5-68 移动后的杯型基础位置

27）切换至三维视图，按 <Ctrl+S> 快捷键保存文件名为"杯型基础"，如图 5-69 所示。

图 5-69 杯型基础三维视图

任务 5.2 族

任务发布

■ 任务描述：

Revit 软件中的"族"是构成模型中图元的重要元素。Revit 中的所有图元都是基于族存在的，用户可以根据具体项目的需求设置族的尺寸、形状、材质、可见性或其他参数变量，使得族具有不同的属性。同时，用户可以根据自己的需要在族编辑器中修改各种参数变量，使得族适用于各个不同的项目。族的创建是建模的基础，本任务详细介绍了创建族的方法。通过常规族构件的创建，培养学生严密的逻辑思维。

■ 任务目标：

完成相关族实例的创建。

知识准备 5.2.1 Revit 族简介

1. 族概述

族是组成项目的构件，也是参数信息的载体。因为族的开放性和灵活性，使得设计师在进行设计时可以自由定制符合设计需求的注释符号和三维模型族等，从而满足设计师应用 Revit 软件的本地化标准的需要。

Revit 的族分为 3 类：系统族、可载入族和内建族。

1）系统族是在 Revit 中预定义的并且只能在项目中进行创建和修改的族类型，例如墙、楼板、尺寸标准等。能够影响项目环境且包含标高、轴网、图纸和视口类型的系统设置也是系统族。它们不能作为外部文件载入或者创建，但可以在项目和样板之间复制、粘贴或者传递系统族类型。

2）可载入族具有高度的可自定义的特征，是在 Revit 中经常创建和修改的族。与系统族不同，可载入族是在外部 RFA 文件中创建的，并可导入或载入项目中。对于包含许多类型的可载入族，可以创建和使用类型目录，以便用户仅载入项目所需的类型。

3）内建族的创建方式与可载入族类似，但它是在项目内部创建的，只能存储在当前的项目文件里，不能单独存成 RFA 文件，也不能用在其他项目文件中。

2. 族样板

要制作可载入族，可直接单击欢迎界面中的【新建】→【族】或单击应用程序菜单中的【新建】按钮，如图 5-70 所示。

图 5-70　新建族

单击【新建】按钮后，软件会弹出【新族 - 选择样板文件】对话框，如图 5-71 所示。样板文件的扩展名均为".rft"，但不同的样板文件的用途及其编辑界面差别很大，用户应根据所需创建的族文件类型选择合适的样板制作族文件。

图 5-71　选择样板文件

总体而言，样板文件主要分为二维样板和三维样板两类，二维样板中只有一个平面，用于绘制详图、轮廓、注释等非模型图元。三维样板种类众多，应根据需求进行选择，如果构件与建筑主体有非常明确的关系（例如门窗是墙内的，橱柜悬挂于墙体表面），应选择基于该类主体的族样板。独立的三维模型族不需要依赖于主体而存在，载入项目后，单击任意一点即可放置独立的三维模型族。基于线的族需要在项目中单击两点创建。自适应族可以自定义放置条件，基于标高的族可以像墙体一样修改它与上下标高的约束关系。除此常规的三维模型族之外，栏杆、钢筋与基于填充图案的常规模型属于专用样板。

3. 族编辑器基础知识

（1）族类别和族参数

1）族类别：单击 Revit 界面左上角的【应用程序菜单】按钮→【新建】→【族】→选择"公制常规模型.rft"族样板，单击【打开】按钮，用户即可进入"公制常规模型"族编辑器界面，如图 5-72 所示（这里以"常规模型"族类别为例）。

进入族编辑器界面后，首先需设置族类别和族参数。单击功能区【创建】→【属性】→【族类别和族参数】按钮，打开【族类别和族参数】对话框，如图 5-73 所示。该对话框的设置将决定族在项目中的工作特性。

2）族参数：选择不同的"族类别"可能会有不同的"族参数"显示，如图 5-74 所示。

"常规模型"族是一个通用族，不带有任何特定族的特性，它只有形体的特征，以下是其中一些族参数的意义：

① 基于工作平面。如果勾选了【基于工作平面】，即使是用"公制常规模型.rft"族样板创建的族，也只能放在某个工作平面或是实体表面，通常不勾选这个选项。

图 5-72 "公制常规模型"族编辑器界面

图 5-73 【族类别和族参数】按钮

图 5-74 【族类别和族参数】对话框

② 总是垂直。对于勾选了【基于工作平面】的族和采用"基于面的公制常规模型"创建的族,如果勾选了【总是垂直】,族将相对于水平面垂直。如果不勾选【总是垂直】,族将垂直于某个工作平面。

③ 加载时剪切的空心。用户只要勾选了【加载时剪切的空心】,那么在导入项目文件时,会同时附带可剪切的空心信息;而不勾选此选项则会自动过滤空心信息,只保留实体模型,用户在选择此项时要特别注意。

④可将钢筋附着到主体。勾选此项时,在载入用Revit打开的项目中,剖切此族,用户就可以在这个族的剖面图上自由添加钢筋。

⑤部件类型。"部件类型"和"族类别"密切相关,在选择族类别时,系统会自动匹配相对应的部件类型,用户一般不需要再次修改。

⑥共享。如果勾选【共享】选项,当这个族作为嵌套族载入另一个主体族中时,该主体族被载入项目中后,勾选【共享】选项的嵌套族也能在项目中被单独调用,实现共享。默认不勾选。

⑦OmniClass编号/标题。这两项用来记录美国用户使用的"OmniClass"标准,一般不用填写。

(2)族类型和参数

当设置完族类别和族参数后,单击功能区【常用】→【族类型】按钮,打开【族类型】对话框对族类型和参数进行设置,如图5-75所示。

1)新建族类型:族类型是在项目中用户可以看到的族的类型,一个族可以有多个类型,每个类型可以有不同的尺寸、形状,并且可以分别调用。在【族类型】对话框右上角单击【新建】按钮以添加新的族类型,对已有的族类型还可以进行"重命名"和"删除"操作。

2)添加参数:参数对于族十分重要,正是有了参数来传递信息,族才具有了强大的生命力。单击【族类型】对话框中右侧的【添加】按钮,打开【参数属性】对话框,如图5-76所示。

图5-75 【族类型】对话框

图5-76 【参数属性】对话框

3)参数类型。

①族参数。参数类型为"族参数"的参数,载入项目文件后,不能出现在明细表或标记中。

②共享参数。参数类型为"共享参数"的参数,可以由多个项目和族共享,载入项目文件后,可以出现在明细表和标记中。如果使用"共享参数",将在一个TXT文档中记录这个参数。

③ 特殊参数。还有一类比较特殊的参数，是族样板中自带的一类参数。用户不能自行创建这类参数，也不能修改或删除它们的参数名。选择不同的族样板或族类别，在【族类型】对话框中可能会出现不同的此类参数。这些参数也可以出现在项目的明细表中。

4) 参数数据。

① 名称。参数名称可根据用户需要自行定义，但在同一个族内，参数名称不能相同。参数名称应区分大小写。

② 规程。共有三种规程可选择：公共、结构和电气，规程说明见表5-1。

表5-1 规程说明表

编号	规程	说明
1	公共	可以用于任何族参数的定义
2	结构	用于结构族
3	电气	用于定义电气族的参数

不同规程对应显示的参数类型不同。在项目中，可按规程分组设置项目单位的格式，如图5-77所示，所以此处选择的规程也决定了族参数在项目中调用的单位格式。

③ 参数类型。参数类型是参数最重要的特性，不同的参数类型有不同的特点和单位。以"公共"规程为例，其参数类型的说明见表5-2。

④ 参数分组方式。参数分组方式定义了参数的组别，其作用是使参数在【族类型】对话框中按组分类显示，方便用户查找参数。该定义对于参数的特性没有任何影响。

⑤ 类型/实例。用户可根据族的使用习惯选择类型参数或实例参数，其说明见表5-3。

图5-77 【项目单位】对话框

表5-2 "公共"规程的参数类型说明表

编号	参数类型	说明	编号	参数类型	说明
1	文字	可随意输入字符，定义文字类参数	8	坡度	用于定义坡度的参数
2	整数	始终表示为整数的值	9	货币	用于货币参数
3	数值	用于各种数字数据，是实数	10	URL	指定资源的网络位置
4	长度	用于建立图元或子构件的长度	11	材质	可在其中指定特定材质的参数
5	面积	用于建立图元或子构件的面积	12	是/否	使用"是"或"否"定义参数，可与条件判断连用
6	体积	用于建立图元或子构件的体积	13	<族类型…>	用于嵌套构件，不同的族类型可匹配不同的嵌套族
7	角度	用于建立图元或子构件的角度			

表 5-3　类型参数与实例参数说明表

编号	参数	说　　明
1	类型参数	如果有同一个族的多个相同的类型被载入项目中，类型参数的值一旦被修改，所有的类型个体都会作出相应的变化
2	实例参数	如果有同一个族的多个相同的类型被载入项目中，其中一个类型的实例参数的值一旦被修改，只有当前被修改的这个类型的实体会相应变化，该族其他类型的这个实例参数的值仍然保持不变，在创建实例参数后，所创建的参数名后将自动加上"默认"两个字

任务实施 5.2.2　创建二维族

Revit 除了三维模型族，还包括二维族。这些二维族可以单独使用，也可以作为嵌套族载入三维模型族中使用。轮廓族、详图构件族、注释族、标题栏族是 Revit 中常用的二维族，它们有各自的创建样板。轮廓族和详图构件族只能在"楼层平面"视图的"参照标高"工作平面上绘制，注释族和标题栏族只能在"视图"平面上绘制。二维族主要用作辅助建模、平面图例和标注图元。

（1）轮廓族

轮廓族用于绘制轮廓截面，所绘制的是二维封闭图形，在进行放样、放样融合等建模操作时作为轮廓载入使用。用轮廓族辅助建模，可以使建模更加简单，用户可以通过替换轮廓族随时改变实体的形状。

（2）详图构件族

详图构件族主要用于绘制详图，所绘制的详图可附着在任何一个平面上。详图构件族载入项目中后，其显示大小固定，不会随着视图的显示比例变化而改变。

（3）注释族

注释族是用来表示二维注释的族文件，它被广泛运用于很多构件的二维视图表现。注释族载入项目中后，其显示大小会随视图比例变化自动缩放显示，注释图元始终以同一图纸比例显示。

（4）标题栏族

标题栏族是用来绘制图纸样板的族文件，它被广泛运用于制作各种图框，定义图纸的大小并添加边界、公司徽标和其他信息。

任务实施 5.2.3　创建二维族实例

1. 创建室外台阶轮廓族

先创建一个室外台阶的族文件。单击 【应用程序菜单】按钮→【新建】→【族】命令，如图 5-78 所示。

在弹出的【新族 - 选择样板文件】对话框中，选择"公制轮廓 .rft"，单击【打开】按钮，如图 5-79 所示。

进入族编辑器界面后，单击【创建】选项卡→【详图】面板→【直线】命令，如图 5-80 所示。

单击【修改|放置线】→【绘制】面板→【直线】命令，根据图 5-81 中数据绘制室外

三级台阶轮廓。按 <Ctrl+S> 键保存文件，命名为"室外三级台阶"，单击【保存】按钮保存文件，如图 5-82 所示。

图 5-78　新建族

图 5-79　选择样板文件

图 5-80　【直线】命令

图 5-81　台阶轮廓

图 5-82　保存轮廓

然后载入已经新建好的项目 1 中，如图 5-83 所示。

图 5-83　载入轮廓

在项目1中,单击【建筑】→【构建】→【楼板】→【楼板边】命令,如图5-84所示。

图5-84 【楼板边】命令

打开属性栏的【编辑类型】按钮,如图5-85所示。

在弹出的【类型属性】对话框中,复制重命名类型名称为"室外三级台阶",如图5-86所示。

图5-85 选择【编辑类型】按钮

图5-86 复制重命名

设置轮廓为刚载入的"室外三级台阶:室外三级台阶",单击【确定】按钮,如图5-87所示。

切换至三维视图,选择【楼板】→【楼板边缘】,在属性栏下拉选择"室外三级台阶",单击楼板上边缘,如图5-88所示,生成的室外三级台阶如图5-89所示。

2. 创建土壤详图构件族

1）打开样板文件。单击【应用程序菜单】按钮，选择【新建】→【族】命令，打开【选择样板文件】对话框，选择"公制详图项目"，单击【打开】按钮。

2）绘制土壤族图案。在绘制素土夯实的图例符号时，一般是以地坪的下表面为基线来绘制的，而这些图例是位于这条基线之下的，因此应该在第一象限绘制土壤的图例。

① 绘制参照平面并进行尺寸标注：以"公制详图项目"的原有参照平面定位、绘制两个新的参照平面，完成后进行标注，并进行锁定，绘制结果如图 5-90 所示。

图 5-87　选择轮廓

图 5-88　选择楼板边缘

② 添加尺寸参数。选择长度为 300mm 的尺寸标注，单击【标签】栏选择"添加参数"，弹出【参数属性】对话框，选择"族参数"，在【参数数据】下的【名称】选项中对参数输入名称"长度"，单击【确定】按钮。同理，将长度为 150mm 的尺寸标注添加"厚度"参数，将长度为 100mm 的尺寸标注添加"间距"参数，如图 5-90 所示。

③ 单击【属性】面板→【族类型】命令，打开【族类型】对话框，依据图 5-91 设置参数公式。

■ 小提示

在设置参数公式时，数字与符号一定要在英文输入法的状态下输入。

图 5-89　室外三级台阶

图 5-90　绘制两个新的参照平面

图 5-90 绘制两个新的参照平面（续）

3）绘制符号。单击【创建】选项卡→【详图】面板→【直线】命令，选择"轻磅线"子类别，以间距 100mm 的参照平面为起点，绘制角度为 45°的第一条斜线，然后以 70mm 的间距复制 3 条斜线，对其进行尺寸标注，并均分。将这 4 条斜线的端点分别与对应的参照平面对齐。单击【详图】面板→【直线】命令，绘制弧线，如图 5-92 所示。

单击【创建】选项卡→【详图】面板→【填充区域】命令，拾取刚画好的弧线和垂直参照平面，修剪使其围合成区域，单击【属性】面板的【类型选择器】按钮，将填充样式设为"实体填充-黑色"，单击【完成】按钮，如图 5-93 所示。

图 5-91 设置【族类型】对话框

图 5-92 绘制弧线

图 5-93　填充区域及其属性

4）保存文件名为"公制详图构件"，新建项目并载入应用。单击【注释】选项卡→【详图】面板→【构件】命令→【重复详图构件】命令，单击【属性】面板的【编辑类型】命令，单击【复制】按钮新建一个"土壤"族，其参数设置如图 5-94 所示。在绘图界面单击鼠标左键，从左向右水平绘制土壤详图，如图 5-94 所示。

■ 小提示

当在项目中重复设置详图时，生成的距离与详图实际距离可能不同，这是因为在项目中它是按整数重复设置详图的。若想让生成的距离与详图实际距离相同，可采用"基于线"的详图构件制作土壤详图。

3. 创建窗标记族

（1）制作窗标记族

图 5-94　"土壤"族参数设置

单击 Revit 界面左上角的【应用程序菜单】按钮→【新建】→【族】→选择"注释"文件夹下的"公制窗标记 .rft"族样板，单击【打开】按钮，如图 5-95 所示。

单击功能区中【创建】→【文字】→【标签】命令，如图 5-96 所示，在绘图区域中靠近原点的地方单击鼠标左键，激活【编辑标签】对话框，如图 5-97 所示。

模块五 体量与族

图 5-95 新建族

图 5-96 【标签】命令

图 5-97 【编辑标签】对话框

237

在【编辑标签】对话框中，在左侧【类别参数】中，列举了一个窗族可能被标记的所有类别参数。可以通过选择合适的参数名称再单击中间绿色箭头符号的方法添加"标签参数"，也可直接双击参数名称添加"标签参数"。反之，如果想移除某个已经被添加到"标签参数"栏中的参数，只需选中此参数并单击中间的红色箭头即可。本例中，选择添加参数为"类型标记"（图 5-98），单击【确定】按钮。

图 5-98 添加参数

在绘图区域中，可见标记已被添加，包括其"样例值"，如图 5-99 所示。

■ 注 意

此例中，标记的插入点设置为族样板的原点。

窗标记的创建已经基本完成，在保存之前，先调整可见性，使图面更干净。单击功能区中【视图】→【图形】→【可见性/图形】命令，如图 5-100 所示，在【图纸：- 的可见性/图形替换】对话框中，在【注释类别】选项卡中，不勾选"参照平面""参照线"和"尺寸标注"，如图 5-101 所示，单击【确定】按钮，将族保存为"窗标记.rfa"，窗标记族创建到此完成。

（2）使用窗标记族

将创建好的"窗标记.rfa"载入项目文件中测试其使用效果，具体操作为：

图 5-99 添加的标记

1）新建一个项目文件，先将项目样板自带的族"标记_窗"删除，再将创建好的"窗标记.rfa"载入此项目文件中。

2）单击功能区中【建筑】→【构建】→【墙】命令，如图 5-102 所示，在绘图区域中随意添加一堵墙；再单击【建筑】→【构建】→【窗】命令，在墙上放置一个窗，如图 5-103 所示。

图 5-100 【可见性/图形】命令

图 5-101 【注释类别】选项卡

图 5-102 【建筑】选项卡

C0912

图 5-103 窗户放置

如图 5-103 所示，项目默认此窗配置了一个窗标记。单击选中此窗标记可以在【属性】面板中看到名称为"窗标记"，即调用了"窗标记.rfa"。

4. 创建标题栏族

（1）选用族样板

Revit 自带的族样板文件中已经预设了从 A0 到 A4 的 5 个常用图纸尺寸的标题栏族样板，用户可根据图纸大小选用。如果需要特殊尺寸，可选用"新尺寸公制.rft"族样板，进行进一步编辑。本例中，选用"A3 公制.rft"族样板。

具体操作为：单击 Revit 界面左上角的【应用程序菜单】按钮→【新建】→【族】→选择"标题栏"文件夹下的"A3 公制.rft"族样板，如图 5-104 所示，单击【打开】按钮。

（2）绘制详图符号线

对标题栏进行布局设计时，使用详图符号线区分各个板块。

图 5-104　选择样板文件

单击功能区中【创建】→【详图】→【直线】命令，如图 5-105 所示，在当前视图下，绘制所有的直线，如图 5-106 所示。

图 5-105　【直线】命令

绘制直线时，注意直线的子类别，不同的子类别对应不同的线形设置，在此例中表现为不同的宽线，如图 5-107 所示。按照一般使用习惯，需要将标题栏的外框子类别设为"宽线"，里侧的分隔线子类别设为"细线"，也可根据需要设定子类别，将线宽分成更多的等级。

（3）添加文字和标记

标题栏族中所有的文字信息均由文字或者标记构成。单击功能区中【创建】→【文字】→【标签】命令，在绘图区域中合适的地方单击鼠标左键定位标签，在【编辑标签】对话框中选择对应的"类别参数"添加到"标签参数"中，单击【确定】按钮，如图 5-108 所示；本例添加的是"客户姓名"，结果如图 5-109 所示。同样的方法，将其他标签添加好。

模块五 体量与族

图 5-106 标题栏

图 5-107 宽线设置

图 5-108 编辑标签

任务实施 5.2.4 创建三维模型族

创建三维模型族最常用的方法是创建实体模型和空心模型，熟练掌握这些方法是创建三维模型族的基础。在创建时需遵循的原则是：任何实体模型和空心模型都必须对齐并锁在参照平面上，通过在参照平面上标注尺寸来驱动实体的形状改变。

在功能区中的【创建】选项卡中，提供了【拉伸】【融合】【旋转】【放样】【放样融合】和【空心形状】等建模命令，如图 5-110 所示。下面将分别介绍它们的特点和使用方法。

图 5-109 添加"客户姓名"标签后的标题栏

1. 常规三维模型族基本操作

（1）拉伸

【拉伸】命令是通过绘制一个封闭的拉伸端面并给予一个拉伸高度来建模的，其使用方法如下：

1）切换至"项目浏览器"→"视图（全部）"→"楼层平面"→"参照标高"。

2）单击功能区中的【创建】→【形状】—【拉伸】命令，激活【修改|创建拉伸】选

241

项卡，选择【矩形】命令在绘图区域绘制拉伸形状，如图 5-111 所示。

图 5-110 【形状】菜单

图 5-111 绘制拉伸形状

3）在选项栏中"深度"一栏设置拉伸的高度，单击 ✔ 按钮，完成拉伸体的创建，如图 5-112 所示，绘制结果的三维视图如图 5-113 所示。

图 5-112 【修改|创建拉伸】选项卡

■ 小提示

【拉伸】命令适用于绘制位于拉伸方向上的，且截面形状始终保持不变的实体构件。

（2）融合

【融合】命令可以将两个平行平面上的不同形状的端面进行融合建模，其使用方法如下：

1）单击功能区中【创建】→【形状】→【融合】命令，激活【修改|创建融合底部边界】选项卡，如图 5-114 所示。这时可以绘制底部的融合面形状，绘制一个圆。

2）单击选项卡中的【编辑顶部】按钮，切换到顶部融合面的绘制，绘制一个矩形。

图 5-113　拉伸体三维视图

图 5-114　【修改|创建融合底部边界】选项卡

3）底部和顶部都绘制后，通过单击【编辑顶点】按钮的方式可以编辑各个顶点的融合关系，如图 5-115 所示。

图 5-115　编辑顶点

4）单击【修改|创建融合顶部边界】选项卡中的✔按钮，完成融合建模，如图5-116所示。

（3）旋转

【旋转】命令可创建围绕一根轴旋转而成的几何图形。可以绕一根轴旋转360°，也可以只旋转180°或任意的角度，其使用方法如下：

1）单击功能区中【创建】→【形状】→【旋转】命令，出现【修改|创建旋转】选项卡，默认先绘制"边界线"。可以绘制任何形状，但是边界必须是闭合的，如图5-117所示。

2）单击选项卡中的【轴线】按钮，在参照平面上绘制一条竖直的轴线，如图5-118所示。用户可以绘制轴线，或使用"拾取"功能选择已有的直线作为轴线。

图5-116 融合体三维视图

合理选用建模方法，提高工作效率，节约时间

图5-117 【修改|创建旋转】选项卡

图5-118 绘制轴线

3）完成边界线和轴线的绘制后，单击✔按钮，完成旋转建模。可以切换到三维视图查看建模的效果，如图5-119所示。

4）用户还可以对已有的旋转体进行编辑。单击创建好的旋转体，在【属性】面板中，将"结束角度"修改成90°，使这个实体只旋转1/4圆，如图5-120所示。

（4）放样

【放样】命令用于创建需要绘制或应用轮廓（形状）并沿路径拉伸此轮廓的族，其使用方法如下：

图5-119 旋转体三维视图

图 5-120　编辑旋转体

1）单击功能区中【创建】→【形状】→【放样】命令，进入放样绘制界面。用户可以使用选项卡中的【绘制路径】命令画出路径，也可以单击【拾取路径】按钮，通过选择的方式来定义放样路径。路径绘制完成后，单击 ✔ 按钮，完成放样路径的绘制，如图 5-121 所示。

图 5-121　绘制放样路径

2）单击选项卡中的【编辑轮廓】按钮，这时会出现【转到视图】对话框，如图 5-122 所示，选择"立面：前"，单击【打开视图】按钮，在右立面视图上绘制轮廓线，任意绘制一个封闭的图形。

图 5-122 【转到视图】对话框

3）单击 ✓ 按钮，完成轮廓绘制，并退出"编辑轮廓"模式，如图 5-123 所示。

4）单击【修改|放样】选项卡中的 ✓ 按钮，完成放样建模，如图 5-124 所示。

图 5-123 绘制轮廓

图 5-124 放样体三维视图

（5）放样融合

使用【放样融合】命令，可以创建具有两个不同轮廓的融合体，然后沿路径对其进行放样。它的使用方法和【放样】命令大体一致，只是可以选择两个轮廓面。

如果在进行放样融合时选择轮廓族作为放样轮廓，这时选择已经创建好的放样融合实体，打开【属性】面板，通过更改"轮廓1"和"轮廓2"的"水平轮廓偏移"和"垂直轮廓偏移"来调整轮廓和放样中心线的偏移量，可实现"偏心放样融合"的效果，如图5-125所示。如果直接在族中绘制轮廓的话，就不能应用这个功能。

图 5-125　放样融合属性编辑

（6）空心形状

空心形状创建的方法有两种：

1）单击功能区中【创建】→【形状】→【空心形状】按钮，如图5-126所示，在下拉列表中选择相应命令，各命令的使用方法和对应的实体模型的命令的使用方法基本相同。

2）实心和空心相互转换。选中实体，在【属性】面板中将实体转变成空心，如图5-127所示。

图 5-126　【空心形状】相关命令

图 5-127　实心、空心转换

2. 三维模型族创建实例

（1）拉伸实例

图 5-128 所示为某栏杆。材质设置方面，扶手及其他杆件材质设为"木材"，挡板材质设为"玻璃"。请按照图示尺寸要求新建并制作栏杆的构件集，截面尺寸除扶手外其余杆件均相同。

拉伸实例

图 5-128 某栏杆图纸

> 创建族的过程中，培养发现问题、分析问题、解决问题的实践能力

该栏杆族具体创建步骤如下。

1）单击 Revit 界面左上角的【应用程序菜单】→【新建】→【族】→选择"公制常规模型.rft"族样板，单击【打开】按钮，用户即可进入"公制常规模型"族编辑器界面，如图 5-129 所示。

栏杆绘制

图 5-129 选择样板文件

248

2）在"项目浏览器"中选择"立面"→"左"，单击【参照平面】命令，绘制如图 5-130 所示参照平面。

图 5-130　绘制参照平面

3）单击功能区中【创建】→【形状】→【拉伸】命令，激活【修改|创建拉伸】选项卡。依据栏杆图纸数据绘制扶手轮廓，如图 5-131 所示，单击 ✔ 按钮，完成扶手的绘制。

4）切换至"项目浏览器"→"立面"→"前"，跳转至前立面，选择【参照平面】命令，绘制如图 5-132 所示参照平面。

5）使用【对齐】命令将第 3）步绘制的扶手与第 4）步绘制的参照平面对齐，并将视图样式切换至"着色"，如图 5-133 所示。

6）在前立面中，选择【参照平面】命令，绘制如图 5-134 所示参照平面。

图 5-131　绘制扶手轮廓

图 5-132 绘制参照平面　　　　　　图 5-133 扶手与参照平面对齐

7）单击功能区中【创建】→【形状】→【拉伸】命令，激活【修改|创建拉伸】选项卡。依据栏杆图纸数据绘制栏杆轮廓，如图 5-135 所示，单击 ✔ 按钮，完成栏杆的绘制。

图 5-134 绘制新的参照平面　　　　　　图 5-135 绘制栏杆轮廓

8）在前立面中，单击功能区中【创建】→【形状】→【拉伸】命令，激活【修改|创建拉伸】选项卡。依据栏杆图纸数据绘制挡板轮廓，如图 5-136 所示，单击 ✔ 按钮，完成挡板轮廓的绘制。

9）在前立面中，单击选中如图 5-137 所示栏杆，在【属性】面板中修改"拉伸起点"为"-20"，"拉伸终点"为"20"，单击【应用】按钮，完成修改。

10）同理，单击选中如图 5-138 所示挡板，在【属性】面板中修改"拉伸起点"为"-5"，"拉伸终点"为"5"，单击【应用】按钮，完成修改。

11）切换至三维视图，按 <Ctrl> 键选中如图 5-139 所示栏杆构件，在【属性】面板中单击材质一栏旁的 按钮，在弹出的【材质浏览器】对话框中修改材质为"木材"，单击【应用】→【确定】按钮，将扶手及其他杆件材质修改为"木材"。

模块五 体量与族

图 5-136 绘制挡板轮廓

图 5-137 修改栏杆属性

图 5-138 修改挡板属性

图 5-139 修改扶手及其他杆件材质

12）同理，如图 5-140 所示，可将挡板材质修改为"玻璃"。

13）至此，栏杆已绘制完成，将视图样式修改为"真实"可以查看栏杆的真实效果，如图 5-141 所示。

图 5-140　修改挡板材质

图 5-141　栏杆三维视图

（2）融合实例

根据图 5-142 中给定的投影尺寸，创建三维模型。该融合实例具体创建步骤如下。

1）单击 Revit 界面左上角的【应用程序菜单】→【新建】→【族】→选择"公制常规模型 .rft"族样板，单击【打开】按钮，用户即可进入"公制常规模型"族编辑器界面，如图 5-143 所示。

融合实例

2）单击功能区中【创建】→【形状】→【融合】命令，激活【修改|创建融合底部边界】选项卡，依据图 5-142 中所给尺寸数据，绘制底部轮廓如图 5-144 所示。

3）单击选项卡中的【编辑顶部】按钮，切换到顶部融合面的绘制，在椭圆中心绘制一个半径为 25000mm 的圆。在【属性】对话框中设置"第二端点"为"25000"，如图 5-145 所示。

图 5-142　融合实例图纸

图 5-143　选择样板文件

253

图 5-144 绘制底部轮廓

图 5-145 绘制顶部轮廓

4)单击【修改|创建融合顶部边界】选项卡中的 ✔ 按钮,完成融合建模,切换至三维视图并着色,如图 5-146 所示。

(3)旋转实例

创建一个公制参数化模型,命名为"螺栓"。给模型添加一个名称为"螺栓材质"的材质参数,并设置材质类型为"不锈钢",尺寸要求如图 5-147 所示,尺寸不作参数化要求。

图 5-146 融合体三维视图

该螺栓族具体创建步骤如下。

1)单击 Revit 界面左上角的【应用程序菜单】→【新建】→【族】→选择"公制常规模型.rft"族样板,单击【打开】按钮,用户即可进入"公制常规模型"族编辑器界面,如图 5-148 所示。

2)单击功能区中【创建】→【形状】→【拉伸】命令,激活【修改|创建拉伸】选项卡。依据图 5-149 所示数据,绘制螺栓上半部分内接六边形轮廓,如图 5-150 所示,内接六边形半径为"115.5",在【属性】面板中设置"拉伸终点"数值为"150",如图 5-149 所示,单击 ✔ 按钮,完成内接六边形绘制。

螺栓绘制

旋转实例

模块五 体量与族

图 5-147 螺栓图纸

图 5-148 选择样板文件

3）切换至"项目浏览器"→"立面"→"前"，跳转至前立面，选择【参照平面】命令，绘制如图 5-151 所示两个参照平面。

4）单击功能区中【创建】→【形状】→【空心形状】→【空心旋转】命令，激活【修改|创建空心旋转】选项卡，绘制如图 5-152 所示轮廓，轮廓的弧线段半径设置为"16"。

5）在【绘制】面板中，单击【轴线】命令，拾取前立面中的垂直中心线，如图 5-153 所示，单击 ✓ 按钮，完成空心旋转的创建。

6）在前立面中，使用【参照平面】命令在参照标高上方 75mm 处绘制一个参照平面，如图 5-154 所示。

7）在前立面中，选中第 5）步创建的空心旋转，在【修改】选项卡中，单击【镜像-拾取轴】命令，拾取第 6）步绘制的参照平面，如图 5-155 所示。

255

图 5-149 螺栓【属性】面板

图 5-150 绘制轮廓

图 5-151 绘制参照平面

图 5-152 绘制空心旋转轮廓

8）通过"项目浏览器"切换至参照标高平面视图，单击功能区中【创建】→【形状】→【拉伸】命令，激活【修改|创建拉伸】选项卡。依据图 5-147 数据，绘制螺栓下半部分圆形轮廓，如图 5-156 所示，圆形半径为"60"，在【属性】面板中设置"拉伸起点"数值为"-150.0"，"拉伸终点"数值为"0.0"，如图 5-156 所示，单击 ✓ 按钮，完成下半部分圆形轮廓的绘制。

9）通过"项目浏览器"切换至三维视图，长按<Ctrl>键选中螺栓上半部分和下半部分，在其【属性】面板的材质一栏单击【关联族参数】按钮，如图 5-157 所示。

图 5-153　拾取垂直中心线

图 5-154　绘制参照平面

图 5-155　拾取参照平面

图 5-156 绘制螺栓下半部分圆形轮廓

图 5-157 【关联族参数】按钮

10）在弹出的【关联族参数】对话框中，单击【添加参数】按钮，【参数数据】下的"名称"设为"螺栓材质"，单击【确定】按钮，如图 5-158 所示。

图 5-158 添加材质参数

11）单击【族类型】按钮，在弹出的【族类型】对话框中，单击材质一栏的 ▭ 按钮，修改螺栓材质为"不锈钢"，单击【应用】→【确定】按钮，如图 5-159~图 5-161 所示。

图 5-159 【族类型】按钮

12）在三维视图中，将视图样式切换为"真实"，如图 5-162 所示。按 <Ctrl+S> 键保存文件，命名为"螺栓"。

模块五 体量与族

图 5-160 【族类型】对话框

图 5-161 选择材质

图 5-162 螺栓三维视图

259

（4）放样实例

根据图 5-163 给定的轮廓与路径，创建内建模型，请将模型文件以"柱顶饰条"为文件名保存。

放样实例

图 5-163 柱顶饰条图纸

该柱顶饰条族具体创建步骤如下。

1）打开 Revit 软件，单击打开【建筑样板】，单击功能区中【建筑】→【构件】→【内建模型】命令，如图 5-164 所示。

2）在【族类别和族参数】对话框中选择"族类别"为"柱"，单击【确定】按钮。在弹出的【名称】对话框中输入"柱顶饰条"，如图 5-165 所示。

柱顶饰条

3）单击功能区中【创建】→【形状】→【放样】命令，进入放样绘制界面。使用【绘制路径】命令，依据图 5-163 所给尺寸数据，绘制 600mm×600mm 的正方形路径，单击 ✔ 按钮，完成路径的绘制，如图 5-166 所示。

图 5-164 【内建模型】命令

4）单击选项卡中的【编辑轮廓】命令，这时会出现【转到视图】对话框，如图 5-167 所示，选择"立面：东"，单击【打开视图】按钮。

5）依据图 5-163 东立面轮廓数据，在东立面视图上绘制轮廓线，如图 5-168 所示。绘制完成后，单击 ✔ 按钮，完成轮廓绘制，并退出"编辑轮廓"模式。

图 5-165　族类别和名称设置

图 5-166　绘制路径

图 5-167　【编辑轮廓】命令

6）单击【修改|放样】选项卡中的 ✓ 按钮，完成柱顶饰条建模，如图 5-169 所示。在三维视图中，将视图样式切换为"真实"，按 <Ctrl+S> 键保存文件，并命名为"柱顶饰条"。

创建族需要严密的逻辑思维和让人眼前一亮的发散思维

图 5-168　绘制轮廓线　　　　　　　图 5-169　柱顶饰条三维视图

（5）族综合应用实例

图 5-170 为某凉亭模型的立面图和平面图，请按照图示尺寸建立凉亭实体模型（立体形状如图 5-170 所示），并以"凉亭"为文件名保存。

该凉亭族具体创建步骤如下。

1）单击 Revit 界面左上角的【应用程序菜单】按钮→【新建】→【族】→选择"公制常规模型 .rft"族样板，单击【打开】按钮，用户即可进入"公制常规模型"族编辑器界面，如图 5-171 所示。

族综合运用实例

图 5-170　某凉亭图纸

图 5-171 选择样板文件

2）在"参照标高"平面视图中，使用<R+P>快捷键，绘制如图 5-172 所示 4 个参照平面。

3）单击功能区中【创建】→【形状】→【拉伸】命令，使用【矩形】命令绘制凉亭基础，"拉伸起点"设置为"0"，"拉伸终点"设置为"90"，单击 ✔ 按钮，完成绘制，如图 5-173~图 5-175 所示。

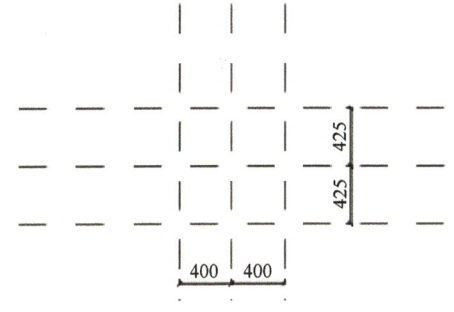

图 5-172 绘制参照平面

4）通过"项目浏览器"切换至前立面，单击功能区中【创建】→【形状】→【拉伸】命令，使用【直线】命令绘制凸台阶轮廓，"拉伸起点"设置为"–115.0"，"拉伸终点"设置为"115.0"，单击 ✔ 按钮，完成绘制，如图 5-176 和图 5-177 所示。

图 5-173 【矩形】命令

图 5-174 绘制矩形轮廓

5）在前立面中，单击选中刚绘制的凸台阶，单击【镜像-拾取轴】命令，拾取凉亭基础的垂直中心线，完成凸台阶的镜像操作，如图 5-178 所示。

6）同理，在左立面中，单击功能区中【创建】→【形状】→【空心形状】→【空心拉伸】命令，使用【直线】命令绘制凹台阶轮廓，"拉伸起点"设置为"–115"，"拉伸终点"设置为"115"。单击选中刚绘制的凹台阶,单击【镜像-拾取轴】命令,拾取凉亭基础的垂直中心线,完成凹台阶的镜像操作,如图5-179~图5-181所示。

图5-175 修改"拉伸起点"和"拉伸终点"

图5-176 绘制凸台阶轮廓

7)在"参照标高"平面视图中,使用<R+P>快捷键,绘制如图5-182所示2个参照平面。

8)在"参照标高"平面视图中,单击功能区中【创建】→【形状】→【拉伸】命令,使用【圆形】命令绘制柱子轮廓,"圆形半径"为"33","拉伸起点"设置为"90","拉伸终点"设置为"450",单击 ✓ 按钮,完成凉亭柱子绘制。单击选中刚绘制的凉亭柱子,连续3次使用【镜像-拾取轴】命令,拾取相应参照平面,完成凉亭柱子的镜像,如图5-183所示。

图5-177 凸台阶三维视图

9)在前立面中,单击功能区中【创建】→【形状】→【拉伸】命令,使用【直线】命令绘制三角形凉亭屋顶轮廓,"拉伸起点"设置为"-300","拉伸终点"设置为"300",单击 ✓ 按钮,完成三角形凉亭屋顶绘制,如图5-184所示。

图 5-178 镜像凸台阶

图 5-179 【空心拉伸】命令

图 5-180 绘制凹台阶轮廓

图 5-181 凹台阶三维视图

图 5-182 绘制新的参照平面

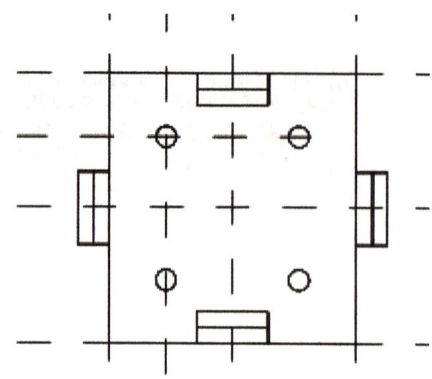

图 5-183 镜像凉亭柱子

10）在前立面中，单击功能区中【创建】→【形状】→【空心形状】→【空心拉伸】命令，使用【圆形】命令绘制三角形凉亭屋顶镂空部分，"圆形半径"为"115"，"拉伸起点"设置为"-300"，"拉伸终点"设置为"300"，单击 ✔ 按钮，完成绘制，如图 5-185 所示。

11）通过"项目浏览器"切换至左立面，单击功能区中【创建】→【形状】→【拉伸】命令，使用【圆形】命令绘制半圆形拉伸体，"圆形半径"为"150"，"拉伸起点"设置为"-330"，"拉伸终点"设置为"330"，单击 ✔ 按钮，完成半圆形拉伸体的绘制，如图 5-186 所示。

图 5-184 屋顶轮廓

图 5-185 屋顶镂空部分

图 5-186　半圆形拉伸体

12）单击功能区中【创建】→【形状】→【空心形状】→【空心拉伸】命令，使用【圆形】命令绘制空心圆形拉伸体，"圆形半径"为"115"，"拉伸起点"设置为"-330"，"拉伸终点"设置为"330"，单击 ✔ 按钮，完成绘制，如图 5-187 所示。

图 5-187　空心圆形拉伸体

13）单击【修改】选项卡中【剪切】命令，依次选中第 10）步绘制的屋顶镂空部分和第 12）步绘制的空心圆形拉伸体，完成剪切，如图 5-188 所示。

14）按 <Ctrl+S> 键保存文件，并命名为"凉亭"。

任务实施 5.2.5　创建嵌套族

1. 嵌套族概念

可以在嵌套族中嵌套（插入）其他族，以创建包含合并族几何图形的新族。要在某一族中嵌套其他族，需要先创建或打开一个主体（基本）族，然后将一个或多个族类型的实例载入并插入该族中。

嵌套族实例

图 5-188 凉亭剪切

2. 嵌套族实例

根据图 5-189 给定的尺寸标注建立"百叶窗"构件集。所有参数采用图中参数名字命名，设置为类型参数，扇叶个数可以通过参数控制，对窗框和扇叶赋予合适材质，最后将模型文件以"百叶窗"为文件名保存。

图 5-189 百叶窗图纸

读者可扫描以下二维码观看该百叶窗族具体创建步骤。

百叶窗绘制

延伸阅读与分享

BIM 技术应用于故宫博物院古建筑保护

（一）案例简介

故宫博物院作为世界著名的古建筑群，其保护和修复工作尤为重要。BIM 技术作为一种新兴的工程技术，通过数字化手段建立一个完整的涵盖项目全生命周期全部信息的建筑信息模型，为古建筑的保护工作提供了数字化支持。数字化技术能够有效地保存和传承古建筑的历史价值、艺术价值和科学价值。通过 BIM 技术，故宫博物院的古建筑信息可以被永久地数字化存档，为保护、修缮和重建提供科学依据和技术支持。此外，数字化技术还可以为社会公众提供更加丰富和便捷的文化体验，促进文化遗产的保护和传承。

BIM 技术在故宫博物院古建筑数字化保护中的应用主要体现在以下几个方面：

1. 信息采集

在保护古建筑的工作中，离不开记录古建筑的建筑信息。中国古代建筑，外形古朴、华美，但形制结构非常复杂。一座单体建筑，往往由成千上万个构件组成，木构件之间通常是榫卯连接；屋面曲线不仅多变，还常有很多兽形饰件，这就导致图纸绘制和三维模型重建有很大的难度。整合古建筑信息的传统方法是利用二维图纸或者文献资料由技术人员人工量测后，将古建筑的各种信息绘制、记录、归纳成集。这种方法不仅耗时耗力，而且精确度较低，缺乏将记录的建筑信息直观表达的能力，因此需要新的技术来准确采集、记录、管理古建筑的各种建筑信息，弥补传统方法的不足。

BIM 技术引入古建筑保护领域，为解决以上问题打开了一条创新之路。古建筑的信息采集是 BIM 技术应用的第一步，这包括空间信息的采集，如古建筑的形状、尺寸、方位等，以及属性信息的采集，如建造材料、工艺、风格等。用尺子、垂球等传统工具进行测量，存在数据不准确、效率低等问题。而三维激光扫描、高清摄影测量等现代技术可以获取更完整、更精细的三维数字模型和纹理影像，从而生成精准的图纸和结构模型。

2. 建筑信息模型的建立

基于采集到的空间信息和属性信息，可利用 Revit 等 BIM 建模软件建立三维模型。故宫博物院的古建筑造型十分复杂，但通过参数化设置和族的创建，可以生成不同类型古建筑的信息模型。BIM 模型的基础单元为族，每个族图元都可以定义多种类型，进行尺寸、形状、材质等参数设置，这对于故宫博物院这样的规模宏大的古建筑群尤为重要。

3. 数字化保护的意义

BIM 技术在故宫博物院古建筑数字化保护中的应用，不仅提高了信息采集的效率和准确性，还为古建筑的长期保护和管理提供了强有力的技术支持。通过建立详细的 BIM 模型，故宫博物院的古建筑得以在数字世界中永续保存，在数字世界中实现了"永生"。

（二）案例点评

本案例主要介绍 BIM 技术在故宫博物院古建筑保护项目中信息采集和模型建立的成效，让学生了解到 BIM 技术在古建筑保护中的价值，培养学生精益求精的工匠精神，强化学生对中国传统文化的自信与认同。

参考文献

[1] 范国辉，骆刚，李杰. Revit建模零基础快速入门简易教程 [M]. 2版. 北京：机械工业出版社，2024.
[2] 刘鑫，王鑫. Revit建筑建模项目教程 [M]. 北京：机械工业出版社，2019.
[3] 唐艳，郭保生. BIM技术应用实务：建筑部分 [M]. 武汉：武汉大学出版社，2018.
[4] 柏慕进业. Autodesk Revit Architecture 2016官方标准教程 [M]. 北京：电子工业出版社，2016.